高等职业教育铁道运输类新形态一体化系列教材

隧道工程施工案例教程

尚艳亮　党宏倩◎主编
李子成◎主审

中国铁道出版社有限公司

2024年·北　京

内 容 简 介

本书为高等职业教育铁道运输类新形态一体化系列教材之一，全面系统地论述了隧道施工概述、隧道洞口施工、隧道掘进施工、隧道支护施工、隧道防排水施工、隧道监控量测、隧道施工新技术。本书以项目—任务结构形式编写，采用案例教学，融入了大量真实案例辅助学习。

本书可作为高等职业院校铁道工程类专业隧道相关课程的教材，也可作为隧道领域设计、施工等人员的参考书。

图书在版编目(CIP)数据

隧道工程施工案例教程/尚艳亮，党宏倩主编. —北京：中国铁道出版社有限公司，2024.6

高等职业教育铁道运输类新形态一体化系列教材

ISBN 978-7-113-31017-2

Ⅰ.①隧…　Ⅱ.①尚…　②党…　Ⅲ.①隧道工程-工程施工-案例-高等职业教育-教材　Ⅳ.①U455

中国国家版本馆 CIP 数据核字(2024)第 032571 号

书　　名：隧道工程施工案例教程

作　　者：尚艳亮　党宏倩

策　　划：陈美玲

责任编辑：陈美玲　　**编辑部电话**：(010)51873240　　**电子邮箱**：992462528@qq.com

封面设计：刘　莎

责任校对：苗　丹

责任印制：高春晓

出版发行：中国铁道出版社有限公司(100054，北京市西城区右安门西街 8 号)

网　　址：http://www.tdpress.com

印　　刷：河北燕山印务有限公司

版　　次：2024 年 6 月第 1 版　2024 年 6 月第 1 次印刷

开　　本：787 mm×1 092 mm 1/16　**印张**：10　**字数**：222 千

书　　号：ISBN 978-7-113-31017-2

定　　价：32.00 元

前 言

进入21世纪以来，我国铁路、公路、城市轨道交通建设如火如荼，隧道工程的建设也随之进入了一个快速发展时期。高速铁路建设的持续推进、川藏铁路的规划与修建、我国城市轨道交通和地下空间的大量开发利用，均为隧道工程发展提供了良好的空间，也吸引了越来越多的人投身于我国的隧道工程建设行列。

本书的编写内容既满足了向学生传授隧道工程设计与施工方面的基本知识、基本理论和新技术、新方法需要，又符合国家对隧道及地下工程领域建设人才的需求。书中提炼并融合了国内外大量的经典隧道施工案例。

本书由石家庄铁路职业技术学院编写团队共同编写，尚艳亮和党宏倩任主编，闫志刚和王军峰任副主编，李子成任主审。具体编写分工如下：项目1由党宏倩编写，项目2由李少丽和李轶编写，项目3和项目4由尚艳亮和党宏倩编写，项目5由王军峰和郭根群编写，项目6由付迎春和崔宏光编写，项目7由闫志刚和党宏倩编写。

本书的编写参考了国内外诸多专家的著作，此外石家庄铁路职业技术学院乔同祥、孟令博、李有才、刘帅超、王馥甜、韩喆、张旭凯等提供了丰富的插图和相关资源，在此一并表示感谢。

限于编者水平及经验，书中难免存在不足之处，恳请读者提出宝贵意见。

编　者

2024年5月

目 录

项目1

隧道施工概述

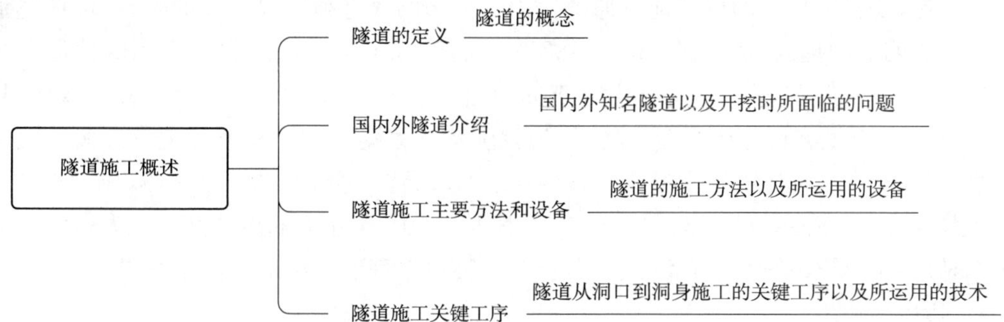

知识目标

1. 了解隧道的概念；
2. 熟悉隧道的分类以及各种类型隧道的作用；
3. 熟悉隧道常用的施工方法以及施工设备；
4. 熟悉隧道施工中的关键工序。

能力目标

1. 能够判别隧道与非隧道类建筑物；
2. 能根据隧道内部结构大致判断隧道施工方法。

素质目标

1. 树立爱岗敬业、吃苦耐劳、勇于创新的工作作风；
2. 培养分析问题和解决问题的水平；
3. 培养严谨务实、统筹兼顾的大局观；
4. 培养协同合作的团队精神。

任务 1.1 隧道的定义

隧道是埋置于地层内的工程建筑物，是人类利用地下空间的一种形式。隧道根据用途可分为交通隧道、水工隧道、矿山隧道和市政隧道。1970 年经济合作与发展组织召开的隧道会议综合了各种因素，对隧道的定义为："以某种用途、在地面下用任何方法按规定形状和尺寸修筑的断面积大于 2 m^2 的洞室。"

1.1.1 隧道工程的发展史

我国最早有文字记载的地下人工建筑物，出现在东周初期，最早用于交通的隧道为石门隧道，位于陕西省汉中市褒谷口内，建于东汉永平九年。此外还有安徽亳州的古地下道，建于宋末元初，是我国最早的城市地下通道。由于火药的改进和钻眼工具的创新，促使隧道修建技术有了明显的提高，例如在 1857—1871 年间，建成了连接法国和意大利的仙尼斯峰铁路隧道。2006 年兰新铁路乌鞘岭隧道的建成使连云港至乌鲁木齐之间全部实现双线通车。2007 年建成的石太客运专线太行山隧道，为我国特长大隧道建设积累了宝贵经验。陕西西康高速公路秦岭终南山公路隧道于 2007 年完工，该隧道全长 18.02 km，双洞总长 36.04 km，是沟通黄河经济圈与长江经济圈的交通枢纽。2018 年建成的港珠澳长江大桥海底隧道是建成时世界上最长的海底沉管隧道。近些年，隧道工程的建设仍在不断发展。

1.1.2 隧道的分类

隧道按照用途来划分，有以下几种：

1. 交通隧道

交通隧道是隧道中数量最多的一种，它们的作用是提供运输的地下通道。交通隧道又可分为铁路隧道、公路隧道、水底隧道、地铁隧道、航运隧道、人行隧道。井冈山公路隧道如图 1.1.1 所示。

图 1.1.1 井冈山公路隧道

2. 水工隧道

水工隧道是水利枢纽中的重要组成部分之一。隧道线路必须与水利枢纽的建设相适应，并须根据地形、工程地质和水文地质等条件选定，而且线路应力求短而直。水工隧道又可以分为引水隧道、尾水隧道、导流隧道和排沙隧道。

3. 市政隧道

市政隧道是修建在城市地下，用作敷设各种市政设施地下管线的隧道，如自来水、污水、暖气、热水、煤气、通信、供电等。市政隧道按照用途可分为给水隧道、污水隧道、管路隧道、线路隧道。管路隧道如图 1.1.2 所示。

图 1.1.2　管路隧道

4. 矿山隧道

在矿山开采中，常设一些隧道(也称为巷道)，从山体以外通向矿床。矿山隧道可分为运输巷道、给水隧道、通风隧道。

复习思考题

1. 简述市政隧道的概念及分类。
2. 简述水工隧道的概念。
3. 隧道根据用途可以分为哪几类?

任务 1.2　国内外隧道介绍

中国隧道在规模、数量、建设速度等持续快速发展的形势下，近几年来取得了众多建设技术的突破，已由隧道大国转变为隧道强国。例如，港珠澳大桥继 2016 年 9 月主体桥梁贯通后，其海底隧道也于 2018 年顺利通车。2014 年完工的新关角隧道，是当时世界上海拔最高的长大隧道。莲塘隧道于 2016 年 6 月正式开工建设，2018 年 12 月底主体结构施工完毕。兰渝铁路木寨岭隧道的贯通为我国在隧道软岩大变形处理方面积累了宝贵的经验。国外隧道建设技术也在飞速发展。例如，日本东京湾水隧道和北非甘塔斯隧道，在隧道建设技术领域解决了许多业界的难题。

相关学习内容

1.2.1　国内部分著名隧道

在工程领域，人类的智慧除了建造大厦，也体现在了交通开发上。“遇水搭桥，遇山凿隧”，人类总能用智慧解决问题，下面列举几种国内有代表性的隧道。

1. 港珠澳大桥海底沉管隧道

港珠澳大桥是连接香港、珠海、澳门的超大型跨海通道，集隧、岛、桥于一体，双向 6 车道，长 55 km，建成时是世界最长的跨海大桥。港珠澳大桥海底隧道全长 6.7 km，是建成时世界最长、埋入海底最深、单个沉管体量最大、隧道车道最多、综合技术难度最高的沉管隧道。该隧道与东西两个人工岛一起，被称为港珠澳大桥核心控制性工程。为了与桥梁连接，在隧道的两头分别建造了人工岛，工程于 2011 年 1 月批准开工，于 2018 年 2 月完成交工验收。港珠澳大桥隧、岛、桥航拍照片如图 1.2.1 所示。

图 1.2.1 港珠澳大桥隧、岛、桥航拍照片

2. 青藏铁路新关角隧道

新关角隧道位于青藏铁路西宁—格尔木段的青海天峻县境内，全长 32.645 km，平均海拔超过 3.6 km。该隧道是青藏铁路西宁—格尔木铁路增建第二线工程的控制性工程，施工现场地质条件极端复杂，隧道开通后使火车翻越关角山的时间缩短了近 2 h，提高了青藏铁路的运输效率。

3. 深圳莲塘隧道

莲塘隧道是深圳东部过境高速公路的关键控制性工程，全长 2.65 km。该隧道为国内罕见的地下立交分岔式隧道，分岔部采用“3＋2”车道形式，最大开挖断面达 428.5 m^2，高度 18.41 m，跨度 30.01 m。莲塘隧道如图 1.2.2 所示。

图 1.2.2 莲塘隧道

4. 兰渝铁路木寨岭隧道

木寨岭隧道位于甘肃省定西市岷县与漳县的交界处，隧道全长 19.1 km，为双洞单线分离式特长隧道。该隧道所经地区的地质条件极其复杂，共经过包括区域性大断层在内的 11 条断裂带，所属区地震基本烈度达到 7 度，高地应力软岩地段占全隧长度的 84.5%，最大地应力 27 MPa，处于极高地应力区域，为极高风险隧道，工程于 2009 年 2 月开工建设，2016 年 7 月 19 日贯通。兰渝铁路木寨岭隧道贯通，标志着我国在攻克世界级隧道施工难题——极高地应力软岩大变形隧道施工方面取得了重大突破。

1.2.2　国外部分著名隧道

1. 北非甘塔斯隧道

甘塔斯隧道位于阿尔及利亚以西 100 km 处，是北非较长的隧道。该隧道是阿尔及利亚北方干线铁路上的重要工程，于 2017 年正式贯通。当地围岩主要以膨胀性泥灰岩、页岩等软岩组成，一旦开挖，很容易引起整体塌方。根据其地质特性，施工方采取了非传统的刚性支护手段，成功解决了隧道变形的难题，并在短时间内完成了甘塔斯隧道的修建。甘塔斯隧道如图 1.2.3 所示。

图 1.2.3　甘塔斯隧道

2. 日本东京湾水隧道

东京湾水隧道工程全长为 15.1 km，其海上部分由三段组成：船舶航行较多的川崎侧海底盾构隧道、水深较浅的木更津侧海上桥梁和川崎侧岸边浮岛的引道。该隧道掘进是在长距离、高水压的软弱黏土层中进行的，施工条件极其苛刻，施工时为了缩短盾构机的掘进距离，在 9.9 km 隧道段的海上部分建造了川崎人工岛，将隧道与桥梁结合起来。

复习思考题

1. 国内著名隧道有哪些？
2. 国外著名隧道有哪些？
3. 简述莲塘隧道的车道形式。

任务 1.3 隧道施工主要方法和设备

隧道施工是指修建隧道及地下洞室的施工方法、施工技术和施工管理的总称。隧道施工方法分为预制装配式隧道施工方法及非预制装配式隧道施工方法。

隧道施工方法的选择主要依据工程地质和水文地质条件，并结合隧道断面尺寸、长度、衬砌类型、隧道的使用功能和施工技术水平等因素综合考虑研究确定。不同的施工方法所需的设备大不相同，因此所选择的施工方法也应体现出技术先进性、经济合理性及安全适用性。

1.3.1 预制装配式隧道施工方法

目前，很多国家都把构件预制化作为技术发展的一个重要标志。同时，构件预制也是施工工厂化技术发展的必然趋势，是降低成本、提高工程质量和修建速度的主要措施。预制装配式隧道施工方法可分为 TBM 法、盾构法、顶管法、地下综合管廊施工法等。

1. TBM 法

TBM 法是指利用全断面隧道掘进机进行隧道施工的方法。主要施工过程为在硬岩环境中，利用全断面隧道掘进机旋转刀盘上的滚刀挤压、剪切破碎岩层，通过旋转刀盘上的铲斗齿拾起石渣，落入主机皮带机上向后输送，再通过牵引矿渣车或隧洞连续皮带机运渣到洞外。该方法适应于较完整、有一定自稳性的围岩，特别是在硬岩、中硬岩掘进中，强大的支撑系统为刀盘提供了足够的推力，能充分发挥出隧道掘进机的优势。十堰水源马百支线隧洞微型 TBM 法如图 1.3.1 所示。

2. 盾构法

盾构法是指使用盾构机在控制开挖面及围岩不发生坍塌失稳的前提下，进行隧道掘进、出渣，并在机内拼装管片形成衬砌、实施壁后注浆，从而不扰动围岩而修筑隧道的方法。它可应用于很松散的土质或高压强的地层中，或在软塑性或流动的地层，或在暂时稳定的地层中也可实现有效的应用。与传统隧道施工方法相比，盾构法具有地面作业少、自动化程度高、对周围环境影响小等特点。“黄河 1 号”盾构机如图 1.3.2 所示。

图 1.3.1 十堰水源马百支线隧洞微型 TBM 法

图 1.3.2 “黄河 1 号”盾构机

3. 顶管法

顶管法是隧道或地下管道穿越铁路、道路、河流或建筑物等各种障碍物时采用的一种暗挖式施工方法。在施工时，通过传力顶铁和导向轨道，用支撑于基坑后座上的液压千斤顶将管压入土层中，同时挖除并运走管正面的泥土。当第一节管全部顶入土层后，接着将第二节管接在后面继续顶进，这样将一节节管子顶入，做好接口，建成涵管。

4. 沉管法

沉管法也称预制管段沉放法，它是在水底修建隧道的一种施工方法。该方法的原理是将若干个预制段分别浮运到海面(河面)现场，并一个接一个地沉放安装在已疏浚好的基槽内。沉管法隧道施工如图1.3.3所示。

图1.3.3 沉管法隧道施工

5. 地下综合管廊施工法

地下综合管廊是地下城市管道综合走廊，即在城市地下建造一个隧道空间，将电力、通信、燃气、供热、给排水等各种工程管线集于一体，设有专门的检修口、吊装口和监测系统，实施统一规划、统一设计、统一建设和管理，因此地下综合管廊是保障城市的重要基础设施和“生命线”。

1.3.2 非预制装配式隧道施工方法

非预制装配式隧道施工方法有传统矿山法、新奥法、新意法和挪威法。

1. 传统矿山法

传统矿山法是利用土层在开挖过程中短时间的自稳能力，采取适当的支护措施，使围岩或土层表面形成密贴型薄壁支护结构的不开槽施工方法。

2. 新奥法

新奥法是充分利用围岩的自承能力和开挖面的空间约束作用，采用锚杆和喷射混凝土为主要支护手段，对围岩进行加固，约束围岩的松弛和变形，并通过对围岩和支护结构的量测、监控，指导地下工程的施工方法。新奥法隧道施工如图1.3.4所示。

图1.3.4 新奥法隧道施工

3. 新意法

由于超前核心土的强度和变形特性对隧道

的长期和短期稳定起着决定性作用，隧道施工中可把超前核心土视作一种新的控制隧道围岩变形的工具，因此新意法的核心思想如下：

(1)超前核心土的变形特性对所有隧道变形的发生起着关键性作用，而隧道塌方一般是由超前核心土的滑动引起的，因此可以通过改变或控制超前核心土的变形特性来对隧道变形进行调整。

(2)超前核心土的变形特性取决于其自身的刚度和强度，因此可以通过调节超前核心土强度和刚度来控制隧道变形(主要是收敛变形)，从而保证隧道的长期稳定。

4. 挪威法

挪威法(NMT)简单地说就是由正确的围岩评价、合理的支护参数和高性能的支护材料3部分组成的一种经济而安全的隧道施工方法。

复习思考题

1. 简述新奥法与新意法的区别。
2. 简述新奥法的原理。
3. 简述 TBM 法与盾构法的区别。
4. 简述新意法的核心思想。

任务 1.4　隧道施工关键工序

隧道施工工序主要包括超前支护、隧道开挖、初期支护、二次衬砌以及隧道防排水等。

相关学习内容

1.4.1　超前支护

在隧道开挖方法中，有一个假定，即开挖面(或称掌子面)和开挖后的隧道能够暂时稳定。但事实上这个假定只能是对稳定性较好的围岩才成立，对于软弱破碎围岩则不然。在软弱破碎围岩中，即使是采取短进尺开挖，开挖面和开完后的隧道也不稳定。在隧道围岩完全不能自稳的条件下，须先支护后开挖，称为超前支护。

1.4.2　隧道开挖

在隧道施工过程中，开挖方法是影响围岩稳定的重要因素之一。因此，在选择开挖方法时，应对隧道断面大小和形状、围岩的工程地质条件、支护条件、工期要求、工区长度、机械配备能力和经济性等相关因素进行综合分析，采用恰当的开挖方法，尤其应与支护条件相适应。开挖方法可分为全断面开挖法、台阶开挖法和分部开挖法。

1.4.3　初期支护

隧道是围岩与支护结构的综合体。隧道开挖破坏了地层的初始应力平衡，产生围岩应力释放和洞室变形，过量变形将导致围岩松动甚至坍塌。在开挖后的洞室周边施作钢筋、混凝土等支撑物，向洞室周边提供抗力，控制围岩变形，这种开挖后隧道内的支撑体系，称为隧道初期支护，一般由锚杆、喷射混凝土、钢架、钢筋网等组成，是现代隧道工程中最常用的支护形式和方法。隧道初期支护如图1.4.1所示。

图1.4.1 隧道初期支护

1.4.4 二次衬砌

二次衬砌是指在隧道已经进行初期支护的条件下，用混凝土等材料修建的内层衬砌，该工序的目的是加固支护，优化防排水系统，美化外观，方便设置通信、照明、监测等设施。在永久性的隧道及地下工程中常用的衬砌形式有以下三种：整体式衬砌、复合式衬砌和喷锚衬砌。隧道二次衬砌如图1.4.2所示。

图1.4.2 隧道二次衬砌

1.4.5 隧道防排水

保持隧道内干燥无水，是隧道正常运营的重要条件之一。隧道防排水应根据“防、排、截、堵相结合，因地制宜，综合治理”的原则，采取切实可靠的设计、施工措施。

(1)所谓“防”，即要求隧道衬砌结构具有一定的防水能力，能防止地下水渗入，如采用防水混凝土或塑料防水板等。

(2)所谓“排”，即利用盲沟、泄水管和渡槽等将衬砌背后的地下水排入隧道内，再经由洞内水沟排走，以免造成隧道病害。

(3)所谓“截”，即指截断地表水和地下水流入隧道的通路。隧道顶部如有地表水溢于渗漏处所或有坑洼积水，应设置截、排水沟和采取消除积水的措施。

(4)所谓“堵”，即堵住地下水从衬砌背后渗入隧道内。在隧道施工过程中，有渗漏水时，可采用注浆、喷涂等方法封堵。运营后，渗漏水地段也可采用注浆、喷涂、嵌填材料、防水抹面等方法堵水。

复习思考题

1. 简述隧道二次衬砌的施工顺序。
2. 简述隧道掌子面的概念。
3. 简述隧道进行超前支护的原因。
4. 简述永久性的隧道及地下工程中常用的衬砌形式。
5. 简述隧道进行初期支护的原因。

项目2

隧道洞口施工

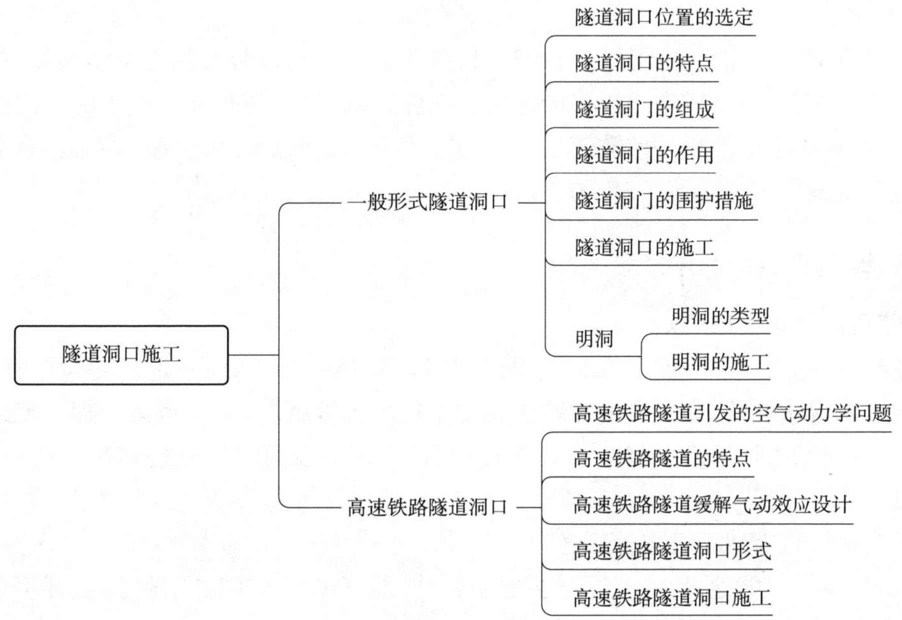

知识目标

1. 了解隧道洞口的特点、作用和选址原则；
2. 熟悉隧道洞口的组成、形式和施工方法；
3. 熟悉明洞的各种形式和施工方法；
4. 了解高速铁路隧道的空气动力学问题和特点；
5. 了解高速铁路隧道缓解气动效应的设计和措施；
6. 熟悉高速铁路隧道洞口的形式和施工方法。

能力目标

1. 能够辨别各种洞门形式和完成隧道洞口技术交底；
2. 能够参与明洞施工全过程；
3. 能够辨别各种高速铁路隧道洞口形式；
4. 能够完成高速铁路隧道洞口技术交底。

素质目标

1. 树立爱岗敬业、吃苦耐劳、勇于创新的工作作风；
2. 培养分析问题和解决问题的水平；
3. 培养严谨务实、统筹兼顾的大局观；
4. 培养协同合作的团队精神。

任务 2.1　一般形式隧道洞口

洞门是隧道洞口用圬工砌筑以保护洞口、排除流水并加以装饰的支挡结构物，是隧道结构的主要组成部分，也是隧道进出口的标志。在隧道洞口施工前，要仔细了解洞门的形式和施工工艺，在施工中应严格按照施工工艺标准进行施工，必要时采取加固措施，确保隧道洞口施工达到质量要求，为运营安全与稳定提供保障。

2.1.1　隧道洞口位置的选定

一般而言，隧道进洞以前要有一段引线路堑，当路堑深度达到一定程度时就开始进洞。当隧道洞口位置选择恰当时，隧道和路堑的安全稳定程度就高，造价也最合理。反之选择不当，就会产生路堑边坡坍塌、崩解，仰坡滚石掉落，出现危及行车安全的情况。所以，洞口的位置需谨慎决定。

隧道洞口选址有以下几点原则：

(1)洞口应尽可能地设在山体稳定、地质较好、地下水不太丰富的地方，避开不良地质地段。如遇不良地质地段，宜早进洞或加接明洞。

(2)洞口不宜设在垭口沟谷的中心或沟底低洼处，不要与水争路。

(3)洞口应尽可能设在线路与地形等高线相垂直的地方，使隧道正面进入山体，使洞门结构物不致受到太大侧向压力。

(4)当线路位于有可能被淹没的河滩上或水库回水影响范围以内时，隧道洞口标高应在洪水位以上，并加上波浪的高度，以防洪水倒灌到隧道中去。

(5)为了保证洞口的稳定和安全，边坡及仰坡均不宜开挖过高，不应使山体扰动太多，暴露面太大。

总体来说，选定隧道洞口位置时，首先要按照地质条件控制边、仰坡的高度和坡面长度，其次是避开不良地质区域和排水影响，最后考虑经济因素。

2.1.2　隧道洞口的特点

隧道是公路、铁路、水渠和各种管道遇到岩石、土体等障碍时开凿穿过山体或水底的通道，是至关重要的工程。隧道结构的基本组成部分包括洞身、衬砌、洞门和附属建筑物，其中隧道洞口作为隧道的门户尤为重要。隧道洞口的特点主要有以下几个方面：

(1)隧道洞口覆盖层薄，大部分均处于浅埋、偏压、风化等不良地质地段，一旦处理出现偏差，将大概率出现坍塌现象。

(2)隧道洞口在开挖边、仰坡的时候，难免会破坏原山体的自然平衡状态，当洞口地质及水文条件较差，山体不稳定时，一经施工就会不断地出现边仰坡坍塌、土体滑动等危险情况。

(3)洞口围岩风化严重，裂隙发育，裂隙面水平夹角较大，围岩开挖后，围岩不但会破碎坍塌，而且会沿裂隙面破坏、滑移，形成剪切破坏区，如果不及时进行支护，则会随着围岩变形的发展引起洞室的坍塌，从而围岩整体丧失稳定性。

2.1.3　隧道洞门的组成

当隧道的位置选定后，隧道的长度一般是由两端洞口位置来决定的。隧道洞门的修建与此地的地形地质等情况相关，隧道洞门的组成如下：

(1)端墙。洞门端墙由墙体、洞门环节衬砌及帽石等组成，它一般以一定的坡度倾向山体，以保持仰坡稳定。

(2)翼墙。翼墙位于洞口两边，呈三角形，顶面坡度与仰坡一致，后端紧贴端墙，并以一定坡度倾向路堑边坡。顶部还设有排水沟和贯通墙体的泄水孔，用来排除墙后的积水。

(3)排水系统。该系统主要包括洞顶水沟、翼墙顶水沟、洞内外连接水沟、翼墙角侧沟、汇水坑及路堑侧沟等。

2.1.4　隧道洞门的作用

洞门联系衬砌和路堑，它的作用主要有以下几个方面：

(1)减少敞口土石方的开挖量。当隧道埋置较深时，开挖量较大，设置隧道洞门可以起到挡土墙的作用，减少土石方开挖量。

(2)稳定边坡、仰坡。修建洞门可减少引线路堑的边坡高度，缩小下面仰坡的坡面长度，使边坡以及仰坡得以稳定。

(3)引地表水流，确保行车安全。

(4)可以装饰洞口，美化环境。

2.1.5　隧道洞门的围护措施

洞门是隧道的咽喉，在保障安全的同时，还应适当对洞门进行装饰。无论是哪种隧道，都有一定的交通量，除应注意结构的稳定性还应讲究建筑的艺术设计。隧道洞门常见的形式有下列几种：

1. 环框式洞门

环框式洞门适用于隧道洞口仰坡极为稳固、岩层坚硬、节理不发育、不易风化、地形陡峻而又无排水要求的地段，其结构像一个框形的洞门，是一种不负载的简单洞门，如图 2.1.1 所示。

2. 端墙式洞门

端墙式洞门俗称一字式洞门，适用于自然山坡陡峻、地形开阔、岩层较为坚硬完整、山体压力很小的洞口地段。这种洞门只在隧道正面设置一面能抵抗山体纵向推力的端墙。端墙的构造一般采用等厚的直墙，直墙圬工体积比其他形式都小，而且方便施工。墙身微向后倾斜，斜度约为 1∶10，这样墙体可以受到较竖直墙小的土石压力，而且对端墙的稳定性有好处，如图 2.1.2 所示。

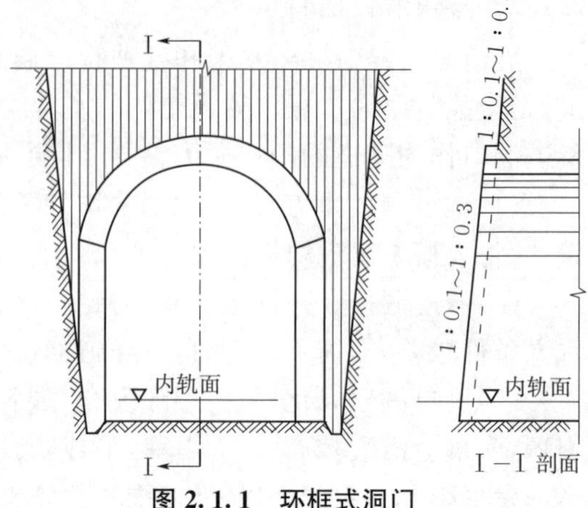

图 2.1.1 环框式洞门

3. 翼墙式洞门

当洞口地质条件较差，山体纵向推力较大时，可以在端墙式洞门以外，增加单侧或双侧的翼墙，成为翼墙式洞门(俗称八字式洞门)，如图 2.1.3 所示。翼墙可以与端墙共同作用，抵抗山体纵向推力，增加洞门的抗滑移和抗倾覆的能力。

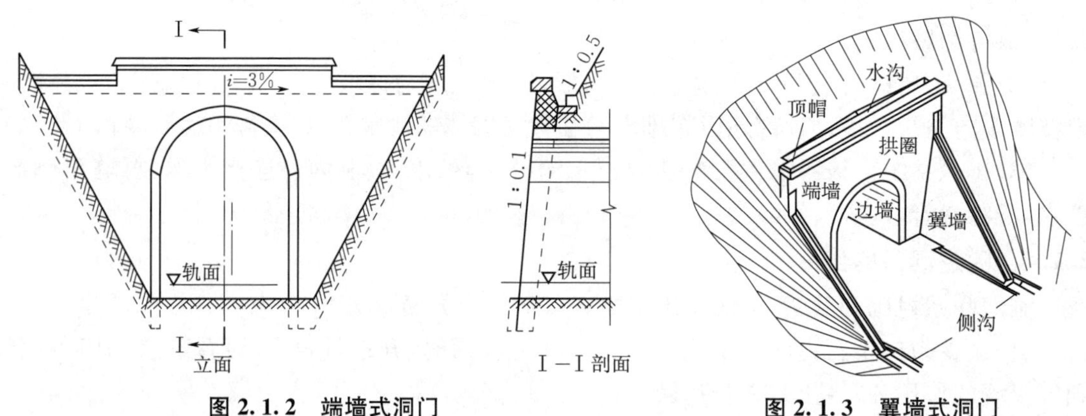

图 2.1.2 端墙式洞门

图 2.1.3 翼墙式洞门

翼墙式洞门的正面端墙一般采用等厚的直墙，微向后方倾斜，斜度为 1∶10。翼墙前面与端墙垂直，顶面坡度与仰坡坡度一致，墙顶上设流水凹槽，将洞顶上的水从凹槽引至路堑边沟内。翼墙基础应设在稳固的地基上，其埋深与端墙基础相同。

4. 柱式洞门

柱式洞门适用于洞口地形较陡，地质条件较差，岩层有较大侧压力，仰坡有下滑的可能性，或洞口地形狭窄，受地形或地质条件限制，设置翼墙无良好基础或不能设置翼墙的地段，这时可以在端墙中部设置两个断面较大的柱墩，以增加端墙的稳定性，如图 2.1.4 所示。

5. 台阶式洞门

当洞门位于傍山侧坡地区，地面横坡较陡，洞门一侧仰坡较高时，为了提高靠山侧仰坡起坡点，减少仰坡高度，将端墙顶部改为逐级升高的台阶式，可以适应地形的特点，减少洞门圬工及仰坡土方开挖，同时也能起到一定的美化作用，如图 2.1.5 所示。

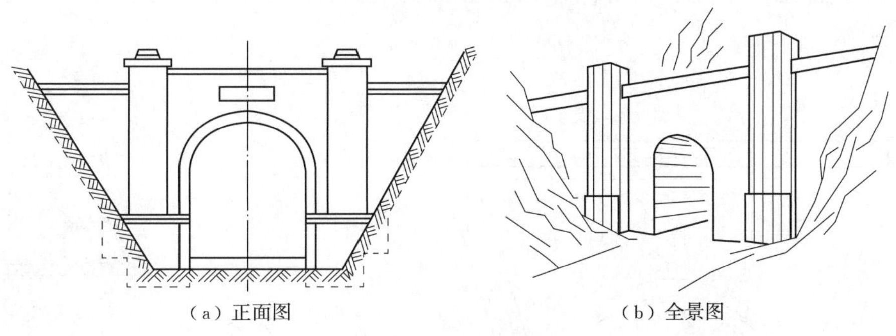
（a）正面图　　（b）全景图

图 2.1.4　柱式洞门

6. 斜交式洞门

当线路方向与地形等高线斜交时，如采用以上几种正洞门，可能出现低山侧洞门端墙上部露空，或者高山侧因自然坡面陡而开挖很高的情况。为了避免出现此种现象，通常应将隧道洞门做成近似平行于地形等高线方向设置，使洞门左右可以保持近似对称，如图 2.1.6 所示。斜交式洞门一般分端墙式和翼墙式两种，个别工点因受地形限制也可采用柱式斜洞门。

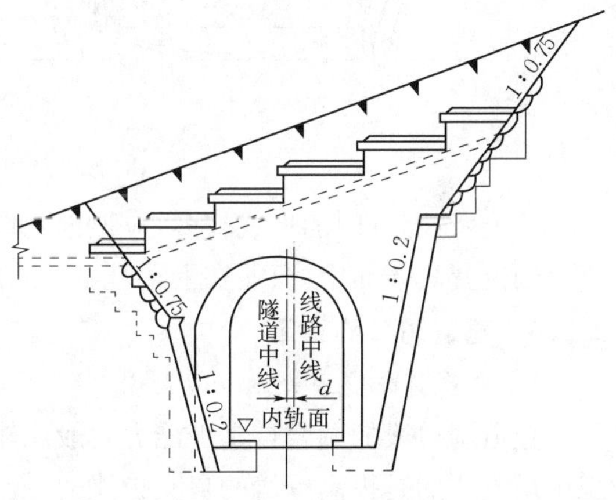

图 2.1.5　台阶式洞门

7. 遮光棚式洞门

对于公路隧道，当洞外需要设置遮光棚时，其入口通常外伸很远。遮光构造物有开放式和封闭式之分，由于透光材料上面容易沾染油污，养护困难，因此很少使用后者。遮光构造物形状上有喇叭式与棚式之分。

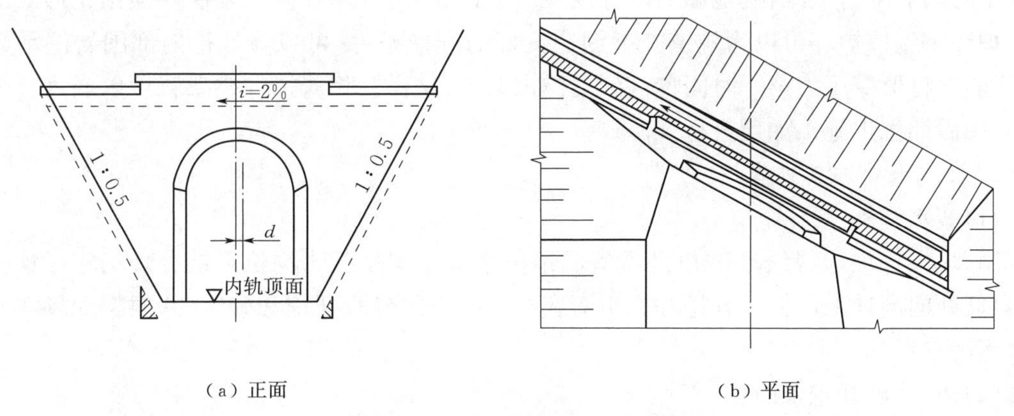

（a）正面　　（b）平面

图 2.1.6　斜交式洞门正、平面

8. 削竹式洞门

削竹式洞门一般适用于洞口埋深较浅，且有条件进行刷坡，周边地势比较开阔的洞口。它是联系洞内衬砌与洞口外路堑的支护结构，保证了洞门附近的边(仰)坡的稳定，如图 2.1.7 所示。

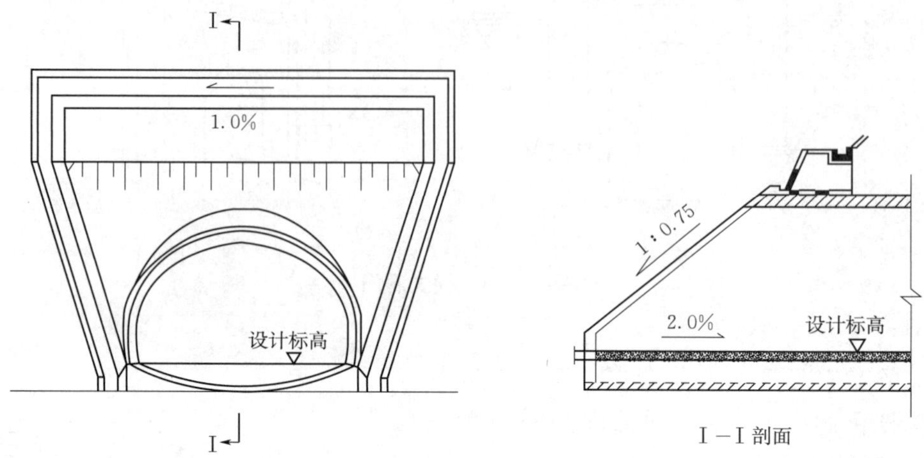

图 2.1.7　削竹式洞门

综上所述，洞门的形式较多，应根据洞口的地形地质条件、生态环境条件、隧道的长度和所处的位置具体而定，只能在上述基本形式之上，按照具体情况适当地布置。

2.1.6　隧道洞口的施工

1. 隧道洞口段围岩预加固措施

隧道洞口段的围岩自支护能力一般比较弱，有的甚至没有自支护能力。因此，在洞口施工中最重要的是提高围岩的自支护能力，能保证开挖和后续作业的进行。

浅埋隧道洞口段的预加固措施主要有超前锚杆加固、挡土墙、锚索(桩)、减载、填土反压、地表注浆、超前锚杆、长短管棚、预注浆、套拱、水平旋喷桩、锥形短桩加固等方式。

在隧道洞口预加固时，通常运用长管棚超前支护法，以此达到支撑和加固围岩的效果，有效预防软弱围岩下沉、松弛和坍塌等现象。工作原理：利用管棚注浆使拱顶预先形成加固的保护环。该保护环可以为隧道施工创造良好的开挖条件，可以降低拱内部围岩的承载压力，还能够将形变压力第一时间传输到支撑拱架中，这样互相扶持的拱架就可以成为整体支护，确保后期掘进施工如期进行。

2. 隧道洞口施工内容

(1)截水沟施工

洞口边、仰坡边缘线 5 m 以外设置洞顶截水沟。洞顶截水沟位置结合现场实际情况布设，自低处向高处采用机械开挖和人工清底结合的方式分段开挖和砌筑，并根据现场实际情况设置沉降缝。

(2)边、仰坡开挖及防护

隧道洞口边、仰坡开挖及防护施工流程如图 2.1.8 所示。

①边、仰坡开挖

隧道洞口边、仰坡开挖前应先清除边(仰)坡上的浮土、危石等，根据地形地质条件，土方一般采用挖掘机开挖及装渣，自卸汽车运渣。对于较硬的土层采用人工手持风镐进行凿除。石方一般采取松动爆破，机械和人工配合清理。

②边、仰坡防护

边、仰坡开挖后及时进行打锚杆、挂钢筋网、喷射混凝土临时防护，以防围岩风化、雨水渗透而滑塌。当边、仰坡较高时，应分层开挖、分层防护。

砂浆锚杆施工的工艺流程为：钻孔→清孔→注浆→插入杆体。

钢筋网应在锚杆施作后进行安设，钢筋类型及网格间距按设计要求施作。钢筋网在初喷混凝土后根据被支护坡面的实际起伏状铺设，与被支护坡面间隙小于 3 cm。

喷射混凝土一般分为初喷和复喷两次进行。初喷在开挖完成后立即进行，以尽早封闭暴露坡面，防止雨水渗透而滑塌。复喷在锚杆和挂网安装后进行。

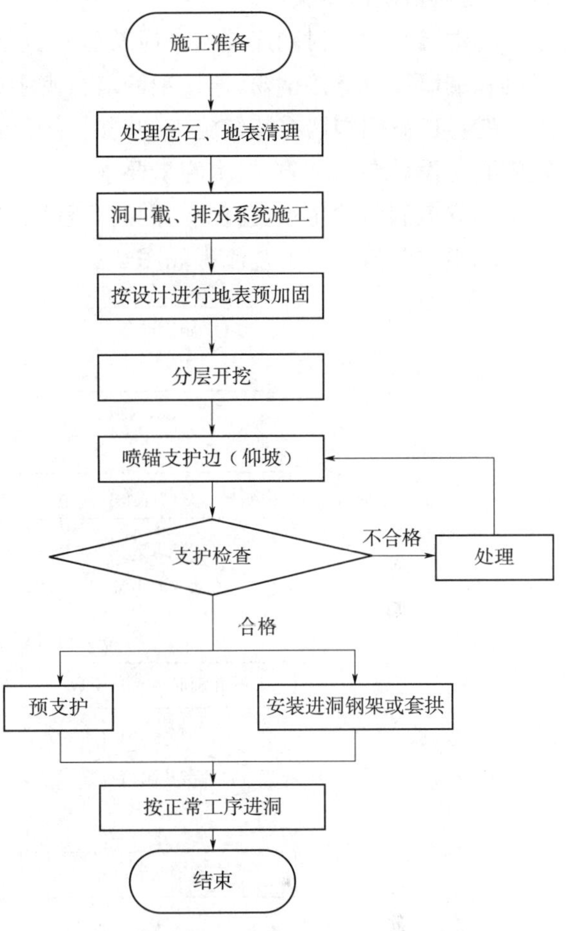

图 2.1.8 边、仰坡开挖及防护施工流程

(3)洞门基础施工

在洞门施工一切准备工作就绪后，先复核基坑轴线、高程，确保位置坐标符合设计要求，然后对端墙、翼墙或明洞外侧大边墙的基坑进行准确测量放样。

当基坑边坡岩质较好、地层稳定时，可采取垂直开挖，并对边坡进行临时喷锚防护；当基坑较深，垂直开挖不具备条件或难以保证边坡稳定时，根据现场地形情况采取放坡开挖。端墙及挡墙、翼墙基础、缓冲结构的基底承载力必须满足设计要求，承载力可采用静力触探试验或标准贯入试验检测，当设计对基础有特殊处理要求时，基坑开挖后应及时进行基础加固处理。

(4)洞门施工

洞门有许多形式，下面以最常见的端墙式洞门为例介绍施工要点：

①端墙应在土石方开挖后及时完成，基础超挖部分应使用与基础同级的混凝土，和基础同步浇筑，端墙及挡墙、翼墙的开挖轮廓面应符合设计要求。

②端墙混凝土施工前根据施工范围，搭设脚手架至端墙顶，以便固定侧向模板和墙面装饰施工，搭设中应预留出进出隧道运输通道的位置。

③端墙混凝土一般以拱顶、帽石底为界分三次立模浇筑成型，浇筑混凝土应两侧对称进

行,不得对衬砌产生偏压。

④端墙与洞口衬砌连接方式应符合设计要求。为加强端墙与衬砌的整体性,一般明洞衬砌和端墙设置连接钢筋,连接钢筋与衬砌中的纵筋要绑扎牢固。

⑤隧道洞门端墙在墙体施工的同时,按设计图纸要求设置反滤层、泄水孔、施工缝,其设置应满足设计要求和防、排水施工要求。

⑥隧道洞门的排水设施应与洞门工程同步施工。

端墙式洞门施工工艺流程如图 2.1.9 所示。

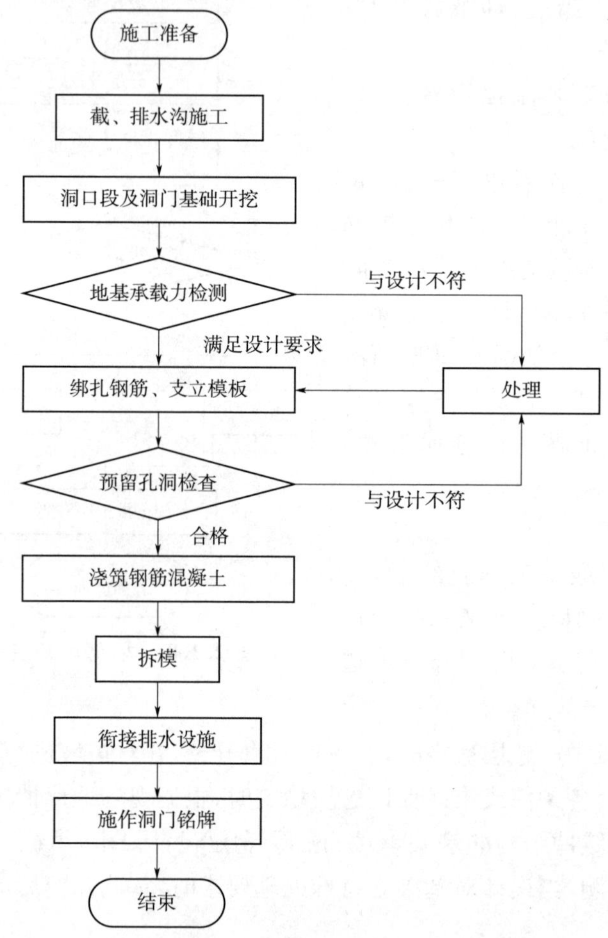

图 2.1.9 端墙式洞门施工工艺流程

2.1.7 明洞

1. 明洞的类型

当遇到地质条件较差,洞顶覆盖层较薄,用暗挖法难以进洞时,或洞口路堑边坡上有落石风险时,均需要修建明洞。它是隧道洞口或线路上起防护作用的重要建筑物,使用较多。明洞的结构类型常因地形地质条件和危害程度的不同,有多种形式,采用最多的有拱式明洞、棚式明洞和箱形明洞等。

(1)拱式明洞

当边坡坍方数量较大，落石较多，基础条件较好时，宜采用拱式明洞，如图 2.1.10 所示。拱式明洞由拱圈、边墙和仰拱组成，它的内轮廓与隧道相一致，但结构截面的厚度比隧道大一些。

拱式明洞的内外墙身为混凝土结构，拱顶为钢筋混凝土结构，整体性较好，能承受较大的垂直压力和单向侧压力。拱式明洞常见的有以下几种形式：

①路堑式对称型拱形明洞

路堑式对称型拱形明洞适用于对称或接近对称的路堑边坡，边坡岩层基本稳定，边坡仅有少量坍塌、落石，或用于隧道洞口岩层破碎、覆盖层较薄而难以用暗挖法修建隧道的地段，如图 2.1.11 所示。

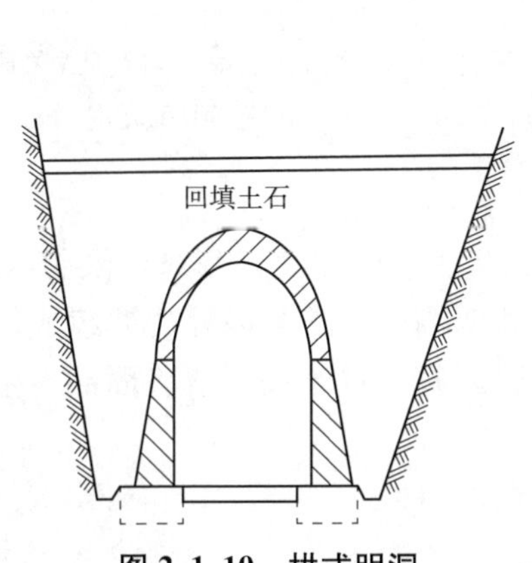

图 2.1.10　拱式明洞

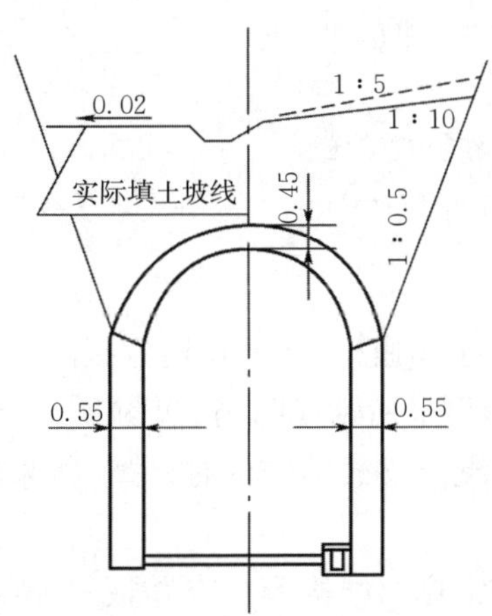

图 2.1.11　路堑式对称型拱形明洞(单位：m)

此种明洞承受对称荷载，拱、墙均为等截面，边墙为直墙式。洞顶作防水层，上面夯填土石后，覆盖防水黏土层，并在其上做纵向排水沟，以排除地表流水。

②路堑式偏压型拱形明洞

路堑式偏压型拱形明洞适用于边坡高差较大的不对称路堑，它承受不对称荷载，拱圈为等截面，边墙为直墙式，外侧边墙厚度大于内侧边墙的厚度，如图 2.1.12 所示。

③半路堑式偏压型拱形明洞

图 2.1.13 为常用的半路堑式偏压型拱形明洞，它主要承受回填土石和坍方落石的单侧压力作用。半路堑式偏压型拱形明洞适用于倾斜地形，低侧处路堑外侧有较宽敞的地面放置回填土石，以增加明洞抵抗侧向压力的能力。此种明洞承受偏压荷载，因受力不对称，其结构亦不对称。半路堑式偏压型拱形明洞拱圈等厚，常采用钢筋混凝土结构，内侧边墙为等厚直墙式，外侧边墙为不等厚斜墙式，尺寸较厚。

④半路堑式单压型拱形明洞

图 2.1.14 为半路堑式单压型拱形明洞，它适用于傍山隧道洞口或傍山线路上半路堑地段，因外侧地形狭小，地面陡峻，无法回填土石，以平衡内侧压力。此种明洞荷载不对称，承受偏侧压力，拱圈等截面，内侧边墙为等厚直墙，外侧边墙为设有耳墙的不等厚斜墙。

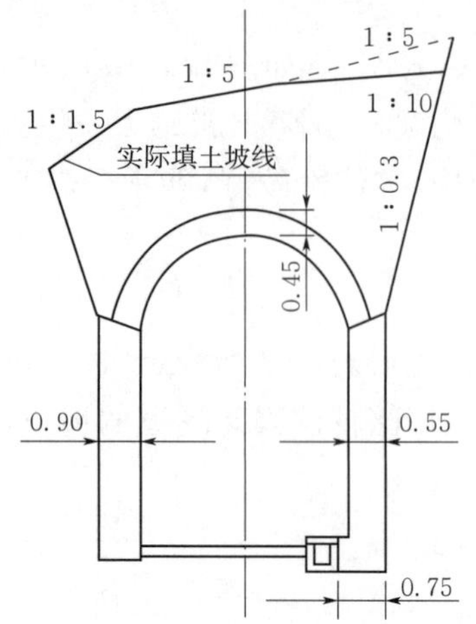

图 2.1.12　路堑式偏压型拱形明洞(单位:m)

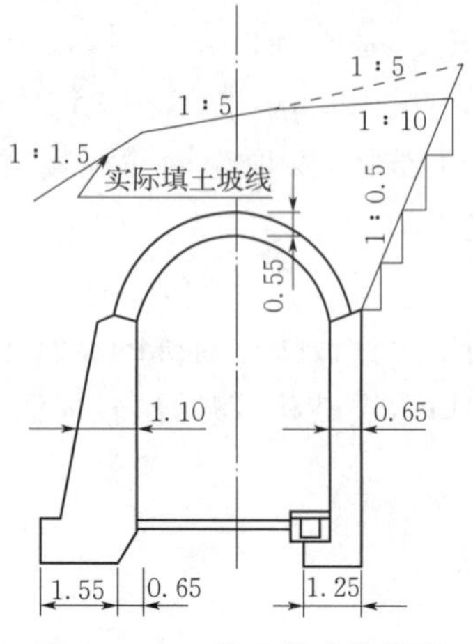

图 2.1.13　半路堑式偏压型拱形明洞(单位:m)

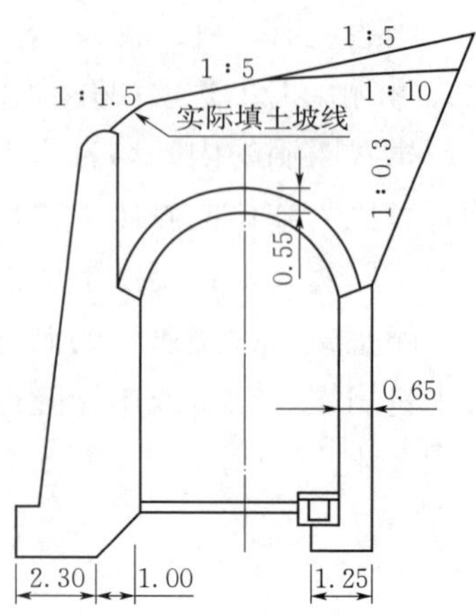

图 2.1.14　半路堑式单压型拱形明洞(单位:m)

(2)棚式明洞

棚式明洞简称棚洞。当傍山隧道线路外侧地质承载能力不足,且受地形条件限制,难以修建拱式明洞时,可采用棚式明洞,如图 2.1.15 所示。棚式明洞由顶盖和内外边墙组成。顶盖通常为钢筋混凝土梁式结构,内边墙一般采用重力式结构,并应置于基岩或稳固的地基与基础上。

棚式明洞常见的结构形式有盖板式、刚架式和悬臂式三种。

图 2.1.15　棚式明洞

①盖板式

如图 2.1.16 所示,盖板式棚洞是由内墙、外墙及钢筋混凝土盖板组成的简支结构,其上回填土石,以保护盖板免受山体落石的冲击。这种明洞的内侧应置于基岩或稳定的地基上,一般为重力式墩台结构,厚度较大,以抵抗山体的侧向压力。

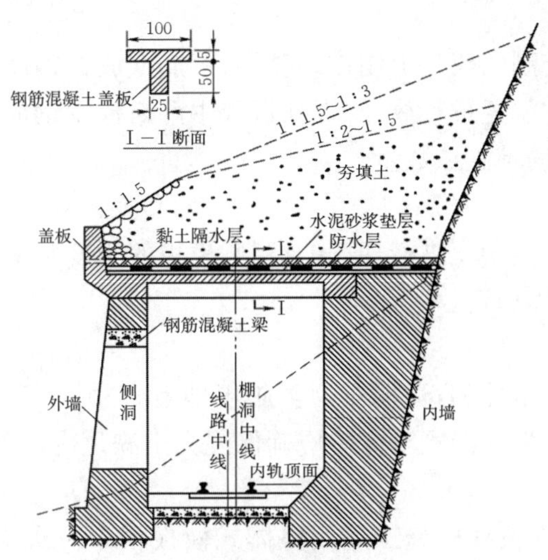

图 2.1.16　盖板式棚洞(单位:cm)

②刚架式

刚架式棚洞主要由外侧刚架、内侧重力式墩台结构、横顶梁、底横撑及钢筋混凝土盖板组成,并做防水层及回填土石处理。

③悬臂式

对稳定而陡峻的山坡,外侧地形难以满足一般棚洞的地基要求,且落石不太严重的情况,可修建悬臂式棚洞。悬臂式棚洞的内墙为重力式,上端接悬臂式横梁,其上盖以盖板,在盖板的内端设平衡重来维持结构受外荷载作用下的稳定性,同时为了保证棚洞的稳定性,要求悬臂必须伸入稳定的基岩内。

(3)箱形明洞

在明洞净高、建筑高度受到限制,地基软弱的地方,可采用箱形明洞。图 2.1.17 为一方形钢构明洞,是全部用钢筋混凝土制成的方形整体明洞。

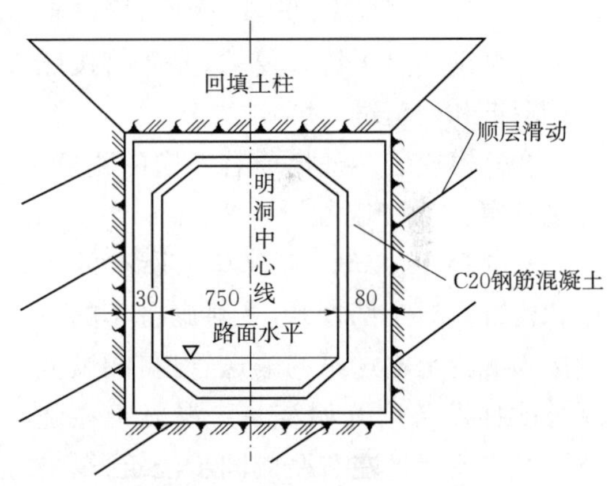

图 2.1.17　方形钢构明洞(单位:cm)

2. 明洞的施工

(1)基底处理

土质地基挖方到基底高程后清理浮土,进行地基承载力试验,满足要求后进行下道工序。

(2)仰拱及填充混凝土施工

①中心排水管施工

按照设计要求开挖中心排水管沟槽,浇筑管座混凝土,安装中心排水管,回填沟槽。按照设计要求预留检查井和引水管。

②钢筋制作、安装

钢筋在钢筋加工厂定制的模具上制作，完成后钢筋存放在钢筋棚内或用防水布包严，防止锈蚀。绑扎前对钢筋的位置进行放样；绑扎过程中严格控制钢筋位置、间距、保护层厚度、搭接焊缝长度和质量、钢筋绑扎点数量。

③模板制作、安装

模板可采用大块木模或钢模进行现场的拼制，模板的刚度及平整度应符合要求，支撑可采用钢管，确保支撑的牢固稳定。

④混凝土浇筑

混凝土采用拌和站集中拌和，运输车运至施工地点直接入模进行浇筑。混凝土拌和及运输过程应确保混凝土质量。混凝土振捣应确保混凝土满足内实外光的质量要求。

(3)明洞衬砌施工

①台车拼装、定位。明洞衬砌施工采用整体式模板台车一次浇筑。模板台车按照隧道净空周边加大 5 cm 设计，预留出变形量和施工误差，预防衬砌侵入隧道净空。模板台车加工后运到现场进行拼装，拼装过程中及时修整模板平整度和模板间的错台，模板台车拼装完成后应检查验收。模板台车就位后按照要求对其位置准确定位。

②钢筋绑扎。钢筋绑扎前要严格检查各类型钢筋是否符合要求，要严格按照设计图纸和规范进行绑扎。

③外模安装。外模要有一定的刚度，拼接密实、支撑牢固。

④混凝土浇筑。将台车上所有的工作和检查窗口全部打开，从衬砌台车的一侧接入混凝土输送泵的输送管道，调试混凝土搅拌设备后开始浇筑。混凝土在浇筑过程中要保证左右两侧同步浇筑，以平衡混凝土自重所带来的偏压力，防止将台车挤压偏位。

(4)回填绿化及排水系统

在明洞及洞门混凝土施工完成后，待混凝土的 28 d 抗压强度达到设计要求后，便可对明洞进行回填。洞顶回填的材料应符合要求。洞顶要做好排水系统，保障洞顶排水顺畅无积水。

明洞施工流程如图 2.1.18 所示。

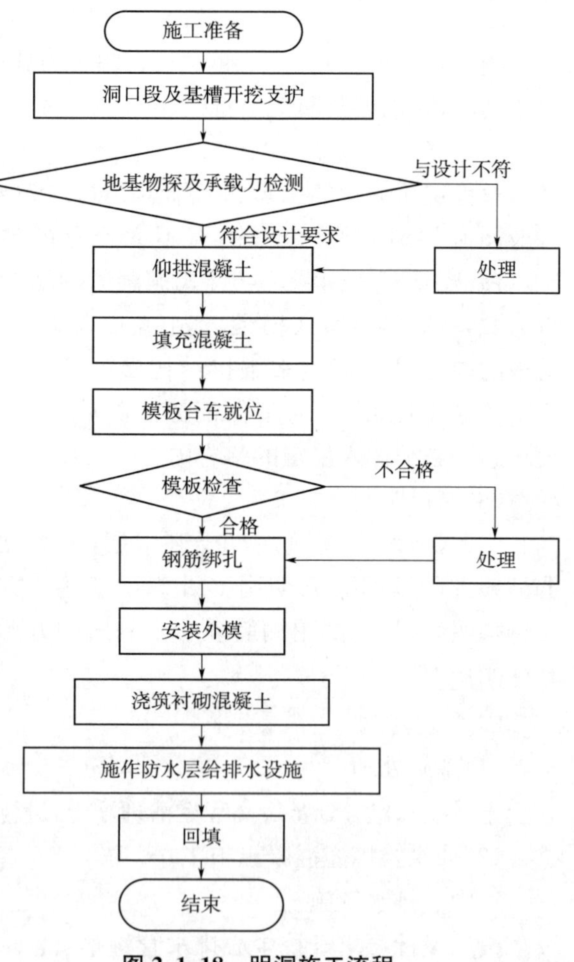

图 2.1.18 明洞施工流程

2.1.8　典型案例

典型案例 1:红岭隧道洞口边(仰)坡开挖及防护

红岭隧道是新桂柳高速公路上的一条隧道,位于湖南省新化县境内,隧道全长 2.625 km,为单洞双线隧道,如图 2.1.19 所示。

图 2.1.19　红岭隧道洞口

隧道进口设计为 35 m 偏压式洞门,出口设计为 14 m 帽檐斜切式洞门。洞口边(仰)坡施工前,在距洞口开挖线 5～10 m 处设截水天沟,截水天沟长 280 m,并与线路排水沟相连。按设计开挖边(仰)坡:进口段右侧为 1∶0.75 的边(仰)坡,左侧一级边坡为 1∶1 的永久边坡,二、三级为 1∶0.75 的临时边坡,二、三级边坡之间设 2 m 的台阶。出口段采用二级 1∶1.5 的永久边坡,中间设置 2 m 的台阶,及时进行边(仰)坡挂网锚喷防护,以防雨水渗透而塌滑。边(仰)坡开挖面的防护措施按设计要求:永久性边坡防护采用骨架护坡;临时边坡采用锚、网、喷防护,喷 15 cm 厚的 C20 混凝土。坡面喷射混凝土防护时,岩面浮渣及危岩应清除干净。其他部位边坡喷播植草,防止边坡水土流失,保护边坡稳定。

典型案例 2:金堡隧道偏压端墙式洞门施工

金堡隧道是沿榕高速公路上的一条小净距双洞隧道,隧道右洞进口段位于半径 1 180 m 的圆曲线上。隧道南端洞口段边坡坡角 45°～60°,右线隧道轴线与地形等高线交角约 25°,洞口轴线与地形的关系属坡面斜交型,右侧偏压严重。隧道顶板、两侧为碎石及中风化凝灰质板岩,呈散体状碎裂结构,围岩稳定性差。开挖时洞顶及两侧易产生坍塌或掉块。洞门设计为偏压端墙式洞门,设置了 5 m 的明洞。

(1)洞口段施工难点

右线南端偏压严重,尤其是进口段暗洞 12 m 范围内洞顶右侧局部临空,洞身开挖后,极易引起左侧山体的失稳,引发山体滑坡或较大规模的坍塌。

(2)施工流程和方法

①施工准备

施工准备包括:施工组织设计、场地标准化建设、材料进场检验和混凝土配合比设计验证、测量放线、地表沉降观测点的设置、开挖台架和二次衬砌台车的加工和组装等。

②施作偏压挡墙

施工准备完成后,首先要进行偏压挡墙施工,按照复核后的开挖线进行基坑开挖,基底承载力必须满足设计要求。挡墙采用混凝土重力式挡墙,内墙垂直,外墙 4∶1,顶宽 1.2 m,

挡墙内侧与洞身最大开挖轮廓线相切。偏压挡墙在明暗洞分界处要设置沉降缝，偏压挡墙后端按照地形呈台阶式嵌入山体，嵌入深度大于1 m。

③边、仰坡开挖和支护

偏压挡墙浇筑完成后，进行边、仰坡开挖和支护。首先应施作洞口区的截排水沟，根据边、仰坡坡度进行开挖和刷坡，做到边开挖、边支护，对开挖面进行挂网锚喷防护，保障边、仰坡的稳定，确保洞口的施工安全。

④套拱施工和洞顶临空部位设置护拱

先以预留核心土的方法开挖套拱位置，套拱右侧支撑在偏压挡墙上，左侧开挖至套拱设计标高后，浇筑混凝土基础，安装套拱底模钢拱架和模板，然后架立套拱内钢拱架，固定好钢拱架后，开始安装导向管。暗洞右侧临空部位的护拱钢拱架在套拱内钢拱架固定后开始安装，并与打入的锁脚锚杆焊接固定，挡墙一端与预埋工字钢焊接。导向管固定牢固后，开始浇筑套拱混凝土，浇筑隧道暗洞临空部位钢拱架上面的护拱混凝土。

⑤管棚施工

套拱混凝土模板拆除后，开始进行长管棚施工，管棚采用钻孔法施工。钻孔、清孔完成后及时安装管棚钢管和注浆，管棚施工采取分区间隔施工，注浆采用分段注浆；先钻奇数孔位管棚，待注浆完成后再钻偶数孔位管棚，以便检查奇数孔位注浆效果，如图2.1.20所示。

图2.1.20　管棚施工

⑥洞口周边土体加固

对长管棚注浆作用半径以外的洞顶周边土体，采用小导管注浆加固，小导管长度宜为5 m。

⑦明洞及洞门施工

管棚施作完成后，应先施作明洞和洞门，明洞采用钢筋混凝土结构，上部回填土石，表层采用黏土隔水，并进行绿化。

典型案例3：卧佛山隧道明洞施工

卧佛山隧道是京藏高速公路上的一条隧道，全段为Ⅴ级围岩，隧道全长580 m，洞门为明洞分离结构形式，如图2.1.21所示。

图2.1.21　卧佛山隧道

(1)明洞段基坑施工

①截、排水沟施工

明洞段施工前，根据设计要求，需要测设边坡。先施作边坡顶的截、排水沟，防止地面水影响边坡的稳定。基坑开挖自上而下进行，开挖完成后,及时施作支护、排水沟工程,使边坡顶排水、截水设施与路堑排水系统相通。

②土方开挖

施工工序按如下程序进行:测量放样→表土清理→开挖取土→装运→弃土。土方开挖采用机械化进行施工,根据工期合理安排,明挖区间分区分段,每个施工段的土方纵向按照100~150 m分段,分层开挖。

③边坡防护施工

采用放坡开挖,坡率为1∶0.5,每级台阶高度不宜超过8 m,边坡采用镀锌网喷射C25混凝土支护,C25镀锌网喷混凝土厚度为8 cm,砂浆锚杆长度为2 m,间距2 m×2 m,梅花形布置。

④基坑降排水

根据图纸设计要求及实际施工情况在基坑内设置降水井点以及排水沟、集水坑,保证主体结构施工中地下水降至基底下1~2 m。

(2)明洞段仰拱施工

①施工工序。测量放样→开挖出渣→清除浮渣→基底加固→安装仰拱钢筋→安装模板→浇筑C25混凝土→中心水沟模板立设→仰拱回填及检查井。

②仰拱开挖。仰拱开挖不能半边跳槽开挖施工,必须一次全断面开挖,封闭成环,施工临时通行设钢便桥跨越,Ⅴ级围岩地段仰拱开挖长度控制在6.0 m以内,确保结构安全。

③隧道明洞段基坑加固处理。隧道明洞基坑采用注浆加固,注浆钢管采用外径42 mm、厚3.5 mm的热轧无缝钢管,长度3 m;钢管横向间距为1.5 m,纵向间距为1.5 m,梅花形布置。

④安装仰拱边墙衬砌钢筋。钢筋在加工厂集中生产,用运料车运输至现场使用。根据图纸及规范要求进行钢筋的放置和绑扎,绑扎完成后于钢筋外侧挂设5 cm厚砂浆垫块,以确保钢筋保护层厚度满足设计要求。

⑤安装模板。仰拱衬砌采用定制模板,各竖向、纵向模板缝应成一条直线,模板表面污物应处理干净,并满涂脱模剂。

⑥浇筑C25钢筋混凝土。混凝土施工前应由实验室人员检查坍落度、和易性等,符合设计要求后方可浇筑。混凝土由运输车辆运输至工作面,用混凝土泵车灌注,人工配合,边浇筑边振捣密实。

(3)中心排水沟施工

中心排水沟钢筋混凝土管预埋于仰拱顶面,基底采用C15混凝土,中心排水沟两侧采用3~5 cm碎石回填,横向引水管应与中心排水沟相接。

(4)仰拱回填及检查井

仰拱回填采用C15片石混凝土,仰拱混凝土终凝后及时加固检查井模板,浇筑填充混凝土。

(5)衬砌模筑施工

①台车就位

衬砌模筑使用钢模台车2台,外模1套,长度为9 m。台车就位前要按所需高程铺设钢轨，便于台车就位及浇筑混凝土施工。外模由 1 台净空高度 12 m、跨度为 29 m 的 25 t 龙门吊来进行拆装，施工时 2 台车交替使用一套外模。

②钢筋安装

钢筋提前在加工厂完成制作，运至现场直接使用。钢筋的放置和绑扎要符合设计和规范的要求，绑扎完成后于钢筋外侧挂设 5 cm 厚砂浆垫块，以确保钢筋保护层厚度满足设计要求，如图 2.1.22 所示。

图 2.1.22　明洞钢筋安装

③外模安装

台车与外模各成独立系统，台车用液压千斤顶顶推行走。外模由 25 t 龙门吊辅助拆装，模板为组合式钢模拼装。

④混凝土浇筑和养护

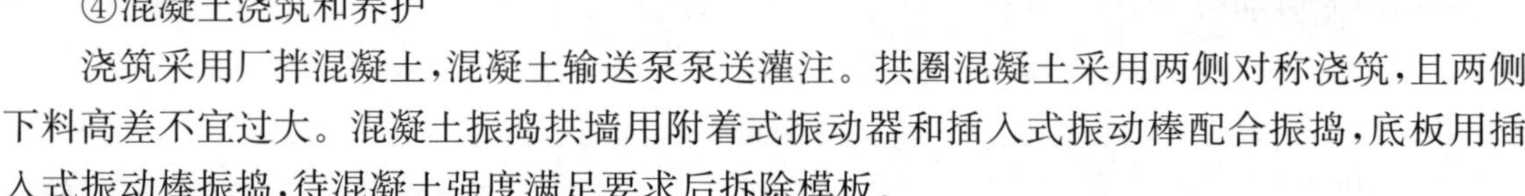

浇筑采用厂拌混凝土，混凝土输送泵泵送灌注。拱圈混凝土采用两侧对称浇筑，且两侧下料高差不宜过大。混凝土振捣拱墙用附着式振动器和插入式振动棒配合振捣，底板用插入式振动棒振捣，待混凝土强度满足要求后拆除模板。

(6)明洞防、排水施工

明洞段结构面被回填土石掩埋部分均铺设防水层，钢筋混凝土结构外缘与回填土石面接触部分依次设置双面自粘橡胶沥青防水卷材、环向排水管、M10 水泥砂浆保护层。明洞自粘橡胶沥青防水卷材施工时，沿墙脚下部依次向墙脚另外一侧施工，明洞洞身防水层施工如图 2.1.23 所示。

图 2.1.23　明洞洞身防水层施工

(7)明洞洞顶回填

二次衬砌防水层施工完毕后，待 M10 保护层衬砌强度达到设计要求后，进行明洞回填施工。明洞回填先中间、后两侧，从下至上依次回填。

复习思考题

1. 用流程图表示隧道洞门的施工步骤。
2. 用流程图表示明洞的施工步骤。
3. 隧道洞门由哪几部分组成？
4. 隧道洞门常见的形式有哪几种，其适用条件如何？请查阅资料找出相应实例。
5. 明洞的形式有哪些？其适用条件是什么？

任务 2.2　高速铁路隧道洞口

一般而言，高速铁路隧道较一般隧道设计和施工要求更高，由于其线路技术标准（如平纵断面、曲线半径等要求）要远高于其他隧道，使得高速铁路隧道往往难以绕过地质条件复杂的地段，而洞门段的设计施工是首要面对的问题。另外，由于高速列车驶入隧道会引发一系列的空气动力学效应，使得洞口的设计又有了新的特殊性，需要将缓冲结构的设计和施工作为优先考虑的重点。

在高速铁路隧道施工前，要仔细核实洞门的形式和施工工艺细节，在施工中应严格按照施工工艺标准进行施工，必要时考虑不同的进洞方式，高要求完成洞口段施工任务，为后期运营安全提供保障。

相关学习内容

2.2.1　高速铁路隧道引发的空气动力学问题

当列车进入隧道时，原来占据着空间的空气被排开，空气的黏性以及隧道壁面和列车表面的摩阻作用使得被排开的空气不如隧道外部空气及时、顺畅地沿列车两侧和上部形成绕流。列车前方的空气受压缩，列车后方形成一定的负压，从而对运营产生一系列负面影响。

列车由于受空气动力学效应的影响，给列车行驶带来了一些问题，其中空气动力学效应影响行车的原因有以下几点：

（1）由于瞬变压力，造成人员耳膜不适，乘车舒适度降低，并对人员和列车产生危害。

（2）行车阻力加大，会对列车动力和能耗产生一定影响。

（3）高速列车进入隧道时，会在隧道出口产生微压波，危及洞口建筑物。

（4）列车克服阻力所做的功转化为热量，使隧道内温度升高。

（5）列车高速进入隧道会产生噪声问题。

这些问题有些可以通过优化隧道设计参数、改变隧道出入口的形式来得以解决，但有些问题则需要通过提高和优化列车性能得以解决。

2.2.2　高速铁路隧道的特点

列车以较高速度进入隧道产生的空气动力学效应，使得高速铁路隧道较一般隧道设计要求要高得多，从而对隧道的设计和施工提出了更高的要求。高速铁路隧道的横断面较大，且列车运行速度较快，隧道维修时具有一定的时间限制，对隧道衬砌的安全性、耐久性、抗渗性、防水性、抗冻性等性能要求较高。

2.2.3　高速铁路隧道缓解气动效应设计

由于高速列车在隧道中行驶时产生的气动效应，如瞬变压力、空气阻力和气动噪声等，将影响到乘客和作业人员的安全舒适度，干扰洞口附近的环境，以及增加牵引能耗或者降低隧道通行能力，这是关系到改善运营条件、提高经济效益和社会效益的重要问题。因此，在隧道设计中必须认真考虑气动效应。

缓冲设施的设计是高速铁路隧道设计的重要内容,直接影响着缓解气动效应的效果、隧道断面的选取、列车密封参数的选定、工程投资大小等多方面内容。

目前广泛采用的缓冲设施方案包括如下几种形式:

(1)扩大隧道断面和减少堵塞比

堵塞比即列车横断面积与隧道横断面积的比值。增大隧道断面、减小堵塞比是降低瞬变压力的有效途径,但这必然带来建设投资的增加,因此,深入研究设置缓冲设施的效果,合理选择隧道断面,才是设计的出路。

(2)改变隧道出入口形状

①采用斜切式洞口

斜切式洞口如图 2.2.1 所示。

(a)斜切式洞口一

(b)斜切式洞口二

图 2.2.1 斜切式洞口

②设置洞口缓冲结构

洞口缓冲结构如图 2.2.2 所示。

(a)缓冲结构一

(b)缓冲结构二

图 2.2.2 洞口缓冲结构

隧道洞口缓冲结构可以通过降低列车进洞后第一阶段压缩波的波前梯度，从而有效地降低出口微压波的大小，消除洞口的爆炸声响，减少微压波给洞口带来的环境危害。

③设置通风竖井

在隧道内合理地设置通风竖井(或斜井)，可以降低压缩波的梯度，可将因高速行车产生的瞬变压力幅值降低 50%左右，并且能降低行车的空气阻力。

④修建平行辅助隧道

对于特长的隧道，往往因埋深很大，不宜设置竖井，则可在行车的主隧道旁修建一座小断面的平行辅助隧道，且每隔一段距离用横通道与主隧道连通，如图 2.2.3 所示。

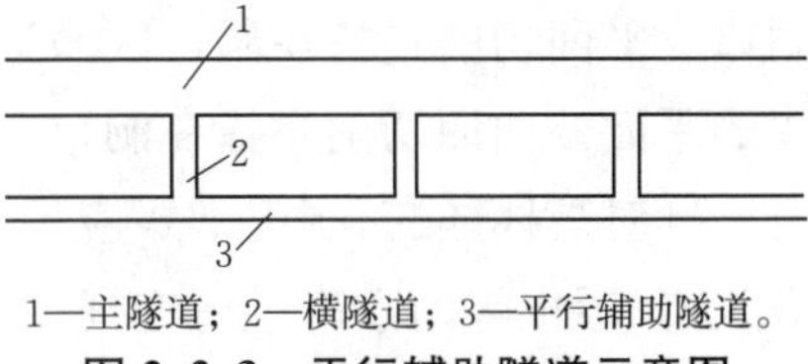

1—主隧道；2—横隧道；3—平行辅助隧道。

图 2.2.3 平行辅助隧道示意图

列车在这种情况下运行时的主要特征是，每当列车经过一个横通道口就产生一次压力脉冲。虽然其瞬变压力变化频繁，但强度较弱，旅客较易承受。

⑤其他措施

除上述方法，也可采取其他措施来缓解高速行车产生的气动效应，如使列车具有良好的空气动力学特性的形状(流线型车头)；或改善轨道结构，提高洞内列车运行的稳定性和舒适度。

2.2.4 洞口形式

铁路隧道洞门的结构形式几十年来基本无大变化，仍然以传统挡墙式洞门(图 2.2.4)为主，如端墙式、翼墙式。随着人们环保意识的提高和隧道施工技术的进步，新型切削式洞门(图 2.2.5)不断发展，如不开挖边仰坡的、凸出式的、无洞门的洞口结构形式等。采用这种结构形式可最大限度地减少施工对洞口山体的扰动和破坏，对保持洞口山体稳定和保护环境具有重要意义。

图 2.2.4 传统挡墙式洞门

图 2.2.5 新型切削式洞门

在当前对环境保护和结构美观要求越来越高的情况下，特别是随着高速铁路的修建，洞口设计既要满足结构安全稳定、环保美观的要求，又要满足减缓微气压波影响的要求，斜切式洞口结构就成为主导的洞口形式。

根据切削方式的不同及一些功能上的要求，铁路隧道洞口新型洞门的基本类型包括直切、正切、倒切、弧形挡墙等几种，又根据洞门与山体的相交关系分为正交和斜交两种情况。在基本形式的基础上，洞门凸出式的切削形式又可分为平面切削和曲面切削两种。正交是指洞口的形状与隧道的截面形状相一致，形成一个垂直或几乎垂直于隧道轴线的方形或矩形洞口。斜交是指当隧道洞口线路与地面等高线斜交时，采用平行等高线与线路成斜交的洞口。平面切削是指在洞口区域进行切削，使得切削表面为一个平面，通常是垂直于隧道轴线的平面。曲面切削是指在洞口区域进行切削，使得切削表面呈现曲线或曲面的形状。

针对具体隧道，洞门形式应根据洞口段的地形、地质、水文条件及洞外有关工程，同时考虑人文、历史等因素来进行选择。上述新型洞门的适用条件如下：

(1)直切式适用于洞口山体坡度较陡、距离城市较近、有风景要求的隧道。

(2)正切式适用于洞口山体坡度较缓、距离城市较近、有风景要求、桥隧相连地段的隧道。

(3)倒切式适用于洞口岩层稳定、整体性好、洞口山体坡度很陡或峭壁岩体处的隧道。

(4)弧形挡墙式适用于洞口山体坡度很缓，且洞口外有路堑边坡时的隧道。

下面列举几种新型洞口工程实例图片，如图 2.2.6～图 2.2.11 所示。

图 2.2.6　直切式洞门

图 2.2.7　正切式洞门

图 2.2.8　倒切式洞门

图 2.2.9　弧形挡墙式洞门

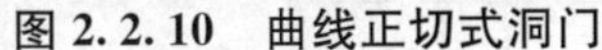
图 2.2.10　曲线正切式洞门

图 2.2.11　喇叭口式洞门

2.2.5　高速铁路隧道洞口形式

高速铁路隧道由于断面大，受线路曲线半径要求的影响，在选线时难以避开一些不良地形、地质情况，这给隧道施工带来很大困难。

洞口段是隧道施工的关键，洞口段施工，首先要根据洞口处的地形、地貌和围岩地质条件，以及洞口结构形式和周边环境条件等，选择适宜的进洞施工方法。高速铁路隧道常采用斜切式洞口结构或其他缓冲结构的洞口形式，再加上洞口段地质复杂、隧道开挖断面大等特点，给进洞施工带来了新的问题。因此，如何少扰动既有山体边坡而进入隧道施工成为洞口段施工的一项关键技术。

1. 大断面隧道的进洞方法

(1)长管棚超前进洞方法

一般洞口段地质条件相对较差，常采用长管棚超前进洞的辅助措施。长管棚施工时，一般先在洞口开挖轮廓，施作管棚导向混凝土墙或导向钢架(长 2～3 m)，并采用锚杆使其和洞口仰坡连成一体，导向结构为管棚施工起到导向和支架作用，然后进行长管棚施工。长管棚施工完成后，在导向墙或导向钢架内立模，浇筑混凝土套拱，将导向墙或导向钢架与管棚尾端浇筑成整体结构，然后按照选定的工法进行隧道的开挖、支护。

(2)接长明洞的进洞方法

洞口地质条件较差，边坡稳定困难时，常采用接长明洞的方法。明洞结构对仰坡可起到支挡作用，可保持仰坡的稳定。

(3)小导坑反向扩大隧道的进洞方法

洞口采用大断面进洞困难时，可以采用小导坑先行进入隧道施工。在进入长度大于 3～5 倍隧道洞径后，反向开挖隧道洞口段。小导坑的大小要满足施工通道的基本要求，可以从隧道洞口面直接进行施工，也可以从其边上进行施工。

(4)加固地层进洞方法

洞口地层较差、地形不适宜进洞时，可以采用如下方法进洞：

①采用注浆加固地层，注浆方法可用地表垂直注浆或从坡面水平注浆，浆液根据地层实

际情况来选择，地层加固完成后，可开始进洞施工。

②地形出现偏压或者覆土较浅时，可采用接长明洞的方法保持洞口稳定，但明洞开挖会引起边坡不稳定，此时可以采用填土反压，稳定坡脚，同时加大洞顶填土厚度，采用明洞暗做的方法进洞。或者采用盖挖法进行明洞施工，然后进入正洞施工。

2. 边仰坡施工及防护

边仰坡施工及防护方法同 2.1.6 中边仰坡开挖、边仰坡防护内容。

3. 洞门基础施工

洞门基础施工同 2.1.6 中洞门基础施工内容。

4. 斜切式洞门施工要点

斜切式衬砌结构内轮廓线与正洞内轮廓线相同，一般可利用衬砌台车配合洞口斜切段定型钢模进行混凝土施工，洞门前檐及洞门端模可采用 5 cm 厚的木模，以便根据其特殊构造一次性完成混凝土施工。

混凝土在拌和站集中生产，运输车运输至浇筑点，然后泵送混凝土浇筑，采用插入式振捣棒振捣，外侧模板按混凝土浇筑分层厚度分层支立，在每层混凝土浇至该层外模口 10 cm 时安装下一层外模，如此循环直至拱顶。每层外模在安装前应加工制作成整体，使其能短时间安装就位，防止混凝土浇筑间断时间过长形成人为施工缝。

施工时应注意：

(1)斜切式洞门坡面较平缓时，应尽量与自然地形坡度相一致。

(2)洞门混凝土达到设计强度后，及时回填边、仰坡超挖部分，恢复自然地形坡面。

(3)斜切式洞门施工流程如图 2.2.12 所示。

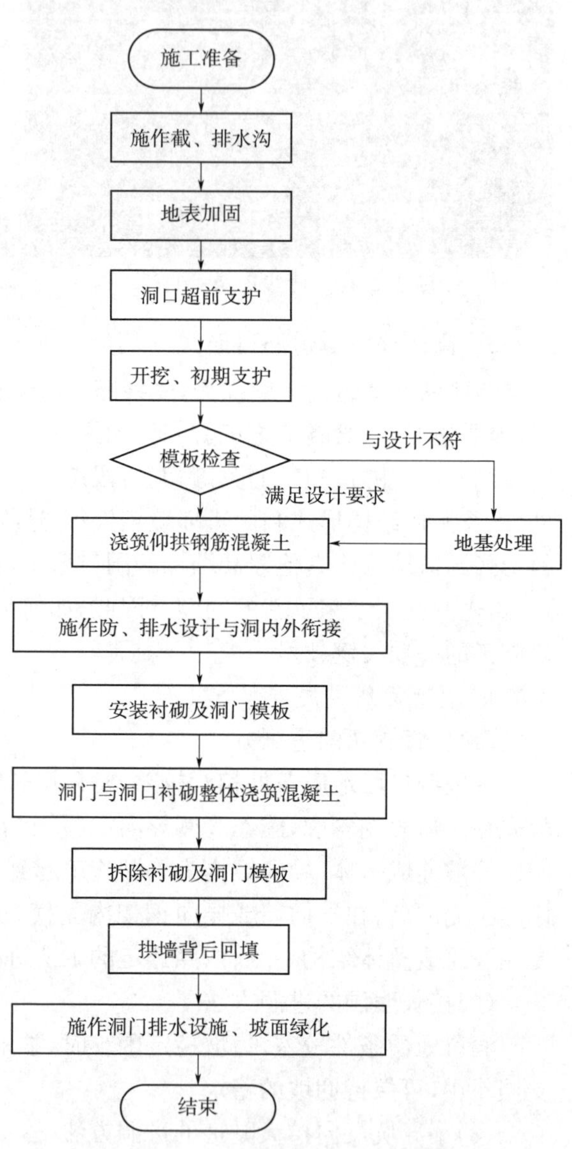

图 2.2.12 斜切式洞门施工流程

2.2.6 典型案例

典型案例 1:秦东隧道缓冲结构施工

郑西铁路客运专线秦东隧道全长 7.684 km，位于陕西省潼关县境内，为双线铁路大断面黄土隧道，开挖最大宽度为 15.2 m，最大高度为 13.2 m，最大开挖面积为 163.8 m^2。为了减缓高速列车通过隧道时产生空气动力学效应的不良影响，郑西客运专线在秦东隧道进口设计并施工了缓冲结构，如图 2.2.13 所示。

图 2.2.13　缓冲结构施工

秦东隧道进口缓冲结构采用 C35 防水钢筋混凝土，厚度为 60 cm。结构按照“先仰拱、后墙拱”的次序施工，仰拱浇筑利用栈桥维持洞内交通运输；衬砌钢筋运至洞口，利用作业平台焊接、安装；浇筑混凝土采用 6.0 m 长液压模板台车整体浇筑。

典型案例 2：五指山隧道帽檐斜切式洞门施工

南广高速铁路五指山隧道地处广东省云浮市云开山脉东北段，隧道全长 12.208 km。五指山隧道进口洞门设计为 1 ∶ 1.25 帽檐斜切式洞门，洞门设计长度 23 m，其中明洞段 10.85 m，斜切段 12.15 m。

(1)施工总体方案

洞门总长度 23 m，二次衬砌台车长 12 m，不能一次整体浇筑。除帽檐外其他部位均与明洞段相同，决定采用“明洞—斜切面—帽檐”三步走的施工方案。其中明洞及斜切面施工都将利用二次衬砌台车作为内模，外模则采用 5 cm 厚木模板。帽檐模板采用定型钢模板，另外还需起吊设备配合施工。

(2)明洞施工

五指山隧道明洞长 10.85 m，斜切面长 12.15 m。模板台车只有 12 m，考虑施工过程的搭接长度与混凝土错台因素，故调整明洞段的施工长度为 11.1 m，斜切面施工长度为 11.9 m。

在明洞施工时，先将台车就位，并进行变形缝处理，然后进行钢筋绑扎作业。钢筋绑扎的要点：内层钢筋以台车和保护层垫块为控制点，外层钢筋以箍筋为控制点。在内层钢筋施工完毕后向台车表面均匀地涂刷脱模剂。绑扎纵向钢筋时要预留间隔，保证下一步的连接，明洞施工如图 2.2.14 所示。

图 2.2.14　明洞施工

(3)斜切面施工

斜切面施工工序及步骤与明洞一致，应注意的有两点：一是斜切面 A、C 轮廓线的控制；二是预留钢筋的掌控。斜切面是一个平整的切面，如图 2.2.15 所示，衬砌台车准确就位后，以台车作为固定面，将 A 轮廓线按坐标点依次放样到台车上。在对 C 轮廓线进行放样时，先确定坐标 Z，即里程，再将点投影到台车面，求出相对坐标，并在台车上明确标示。斜切面钢筋与帽檐钢筋是相连的，故需将帽檐的纵向钢筋预留出来，预留钢筋应满足搭接长度及同截面接头数量等要求。

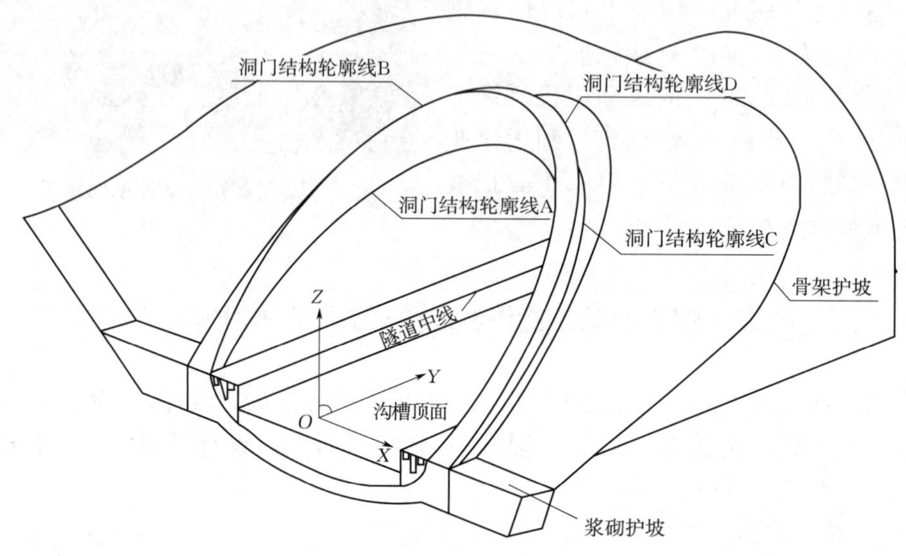

图 2.2.15 斜切面示意

(4)帽檐施工

①轮廓线控制

帽檐施工的重点在于轮廓线的控制，B、D 轮廓线为立体扭曲曲线，变化复杂，且其位置完全脱离了台车，处于悬空状态，无法直观明确的放样，给测量放线带来了极大的不便。B、D 轮廓线为三维坐标，无法直接用来指导施工，需通过多个控制点来实现，故需对坐标进行换算。

B、D 轮廓线控制点坐标换算完成之后，各个控制点的实际位置根据坐标控制的 ϕ18 mm 钢筋进行确定，一端固定焊接在台车上，另一端代表实际控制点位置，此过程需要测量人员逐个控制点进行放样定位，并反复校验，确定一处固定一处，并进行加固，保证控制点位置准确。

②钢筋绑扎

控制点确定以后，根据控制点确定的定位骨架钢筋，通过斜切面预留环向钢筋，绑扎帽檐竖向钢筋，然后再进行帽檐环向钢筋的绑扎。钢筋绑扎完成后，可大致显示出帽檐轮廓线的形状。

③模板安装

钢筋绑扎后，帽檐轮廓已经确定。安装内弧面模板，边安装边用外侧木模板加固，安装时可根据实际情况增加外侧支撑和保护层垫块，在拱部以上变形较大的区域，需多设支撑点，让模板可以达到弧形效果。用同样的方法安装外弧面模板，内、外弧面模板之间采用对拉螺栓固定，除此之外还需采用环向钢筋进行加固。

④混凝土浇筑和养护

混凝土施工过程中必须对浇筑速度进行有效控制，同时观察模板是否变形，模板与台车、衬砌混凝土结合处为模板加固重点，易出现漏浆，应重点关注，且提前采取保护措施，帽檐混凝土浇筑完成后应加强养护。

复习思考题

1. 高速铁路隧道洞门的主要形式有哪些？其适用条件是什么？请查阅资料找出相关实例。
2. 请简要用流程图表示高速铁路隧道洞门的施工步骤。
3. 目前广泛采用的缓冲设施方案有哪几种形式？
4. 高速铁路隧道特点以及与其他形式隧道有何不同？

项目3

隧道掘进施工

知识导图

隧道掘进施工
矿山法
矿山法的概念
矿山法的施工方法
矿山法的施工顺序
矿山法的施工基本原则
矿山法的施工基本要求
新奥法
新奥法的概念
新奥法的原理
新奥法的施工方法
全断面法
台阶法
中隔壁法（CD法）
交叉中隔壁法（CRD法）
侧壁导坑法
TBM法
TBM法的概念
TBM法的类型
TBM法的选用
盾构法
盾构法的概念
盾构机的类型
盾构机的选用
顶管施工
顶管施工的概念
顶管施工的工作原理
顶管施工的特点

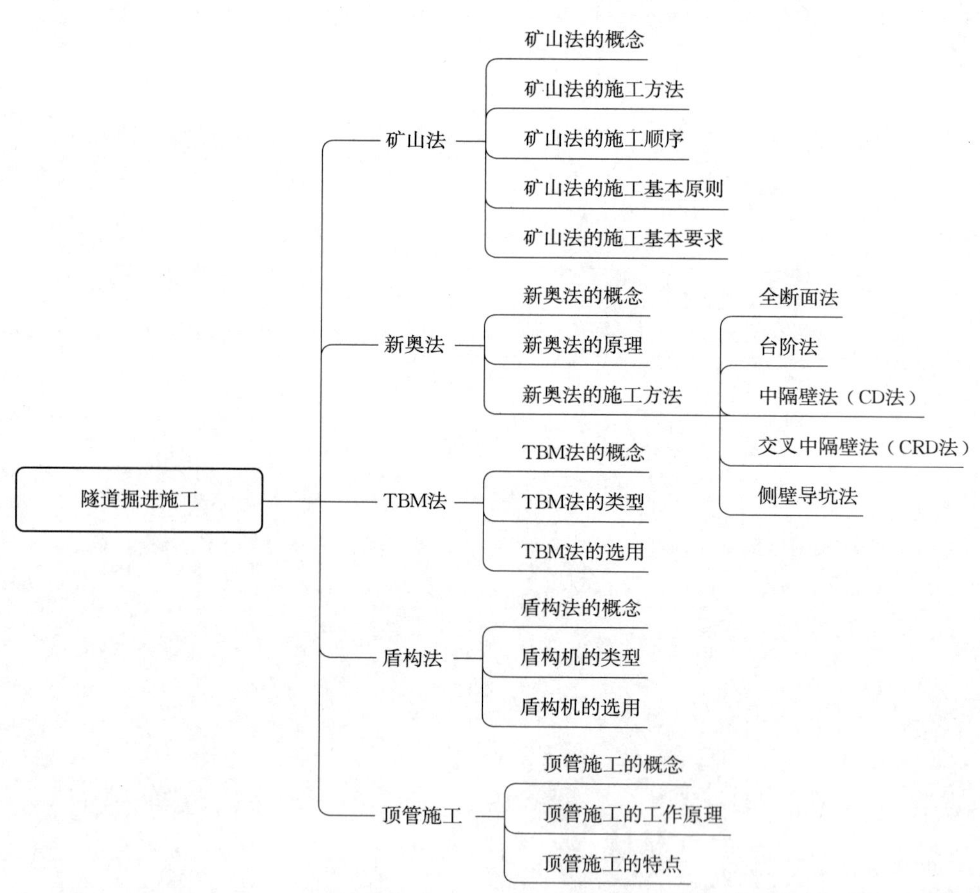

学习目标

知识目标

1. 了解隧道掘进施工的分类；
2. 掌握隧道掘进施工的选择方法及其原则；
3. 掌握隧道掘进施工过程及各种施工基本要求；
4. 掌握隧道掘进施工中出现的问题及处治方法；
5. 熟悉各种隧道掘进施工方法的特点及其适用范围。

能力目标

1. 能够针对不同施工条件，选择合适的工法进行施工；
2. 能够根据工程项目的要求，合理制定隧道掘进施工方案。

素质目标

1. 树立爱岗敬业、吃苦耐劳、勇于创新的工作作风；
2. 培养分析问题和解决问题的水平；
3. 培养严谨务实、统筹兼顾的大局观；
4. 培养协同合作的团队精神。

任务3.1　矿　山　法

矿山法指的是用开挖地下坑道的作业方式修建隧道的施工方法。矿山法是暗挖法的一种，在我国又称为钻爆法，主要用钻眼爆破方法开挖断面而修筑隧道及地下工程的施工方法，因借鉴矿山开拓隧道的方法，故名矿山法。

相关学习内容

隧道开挖后受爆破影响，造成岩体破裂形成松弛状态，随时都有可能坍落。基于这种松弛荷载理论依据，矿山法的施工方法是按分部顺序采取分割式一块一块的开挖，并要求边挖边撑，以求安全，所以支撑复杂、木料耗用多。

用矿山法施工时，将整个断面分部开挖至设计轮廓，并随之修筑衬砌。当地层松软时，则可采用简便挖掘机具进行，并根据围岩稳定程度，在需要时边开挖、边支护。分部开挖时，断面上最先开挖导坑，再由导坑向断面设计轮廓进行扩大开挖。分部开挖主要是为了减少对围岩的扰动，而分部的大小和多少视地质条件、隧道断面尺寸、支护类型而定。在坚实、整体的岩层中，对中、小断面的隧道，可不分部而将全断面一次开挖。如遇松软、破碎地层，须分部开挖，且及时设置临时支撑，以防止土石坍塌。

3.1.1　传统矿山法

矿山法由于支撑或支护结构和材料的不同，人们习惯上将采用钢、木构件作为临时支撑的施工方法称为传统矿山法，待隧道开挖成型后，逐步将临时支撑撤换下来。传统矿山法主要特点是采用大量的钢、木支撑和刚度较大的单层衬砌，不进行施工量测。随着施工机械的发展，传统矿山法明显不符合围岩力学的基本原理，并且不经济，已逐渐被新奥法所取代，只有在一些不便采用喷锚支护的地质条件时或缺少大型机械的短隧道中采用，传统矿山法的现场施工如图 3.1.1 所示。

图 3.1.1　传统矿山法的现场施工

(1)传统矿山法的施工顺序

传统矿山法常用的开挖、支撑、衬砌的施工顺序如图 3.1.2 所示。

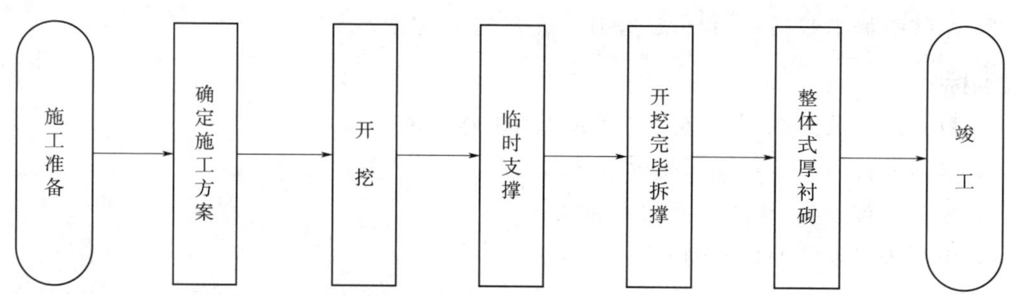

图 3.1.2　传统矿山法施工顺序

(2)传统矿山法的施工基本原则

传统矿山法的施工基本原则是:少扰动、早支撑、慎撤换、快衬砌。

①少扰动，是指在进行隧道开挖时，要尽量减少对围岩的扰动次数、扰动强度、扰动范围和扰动持续时间。采用钢支撑，可以增大一次开挖断面的跨度，减少分部开挖次数，从而达到减少对围岩的扰动次数。

②早支撑，是指开挖坑道后应及时施作临时构件加以支撑，使围岩不致因变形松弛过度而产生坍塌失稳，并能承受围岩松弛变形产生的压力。定期检查支撑的工作情况，若发现变形严重或出现损坏征兆，应及时增设支撑予以加固和加强。

③慎撤换，是指拆除临时支撑而代之以永久性模筑混凝土衬砌时应慎重，即要防止在撤换过程中围岩坍塌失稳。每次撤换的范围、顺序和时间要视围岩稳定性及支撑的受力状况而定。若预计到不能拆除的结构，则应在确定开挖断面大小及选择材料时应提前研究决定。使用钢支撑作为临时支撑时，一般可以避免拆除支撑带来的影响和不安全因素。

④快衬砌，是指拆除临时支撑时及时修筑永久性混凝土衬砌，并使其能尽早承载，参与工作。若采用的是钢支撑可不必拆除，或无临时支撑时，也应尽早施作永久性混凝土衬砌，防止坑道壁裸露时间过长风化侵蚀围岩、强度降低、产生变形过大等情况的发生。

(3)传统矿山法的施工基本要求

传统矿山法施工的各工序相互联系较密切，互相干扰较大。因此，应注意统一组织和协调，重视处理好开挖与支撑、支撑与衬砌、衬砌与开挖之间的相互关系。若围岩较稳定或支撑条件较好，则应尽量将各工序沿隧道纵向展开，以减少相互干扰，保证施工安全、施工质量和施工进度等。

3.1.2　典型案例

典型案例：鸣水隧道传统矿山法施工

鸣水隧道位于黎湛线石南至雅桥区间，长度为 113 m，具有大跨、浅埋、围岩较破碎等特点。该隧道处于广西丘陵地带，斜穿一椭圆形山丘，故进出口埋深一般都在 5～10 m，洞身最大埋深仅 45 m。鸣水隧道施工采用的是传统矿山法，风钻钻孔、爆破，采取上、下导坑开挖，原木支护，翻斗车装渣，有轨运输，如图 3.1.3 所示。

（a）现场施工

（b）现场施工风钻钻孔

图 3.1.3　鸣水隧道现场施工

该隧道施工为软弱围岩浅埋洞室施工，围岩自稳时间短，其围岩变形的特点是以垂直下沉为主。洞内围岩变形，尤其是拱顶的下沉会向上传递直至地表，近于整体下沉，因此不宜过分强调初期支护阶段的充分变形，发挥围岩的自承能力，因而，就要弱开挖、强支护、早封闭。

复习思考题

1. 矿山法施工方法有哪些？
2. 简述传统矿山法施工的特点及适用条件。
3. 结合鸣水隧道的施工，谈谈你对传统矿山法施工的认识。

任务3.2 新 奥 法

在以往的施工中，人们都认为在地层中开挖隧道要引起围岩坍塌掉落，开挖的断面越大，坍塌的范围也越大。因此，传统的隧道结构设计方法是将围岩看成要松弛塌落而成为作用于支护结构上的荷载。传统矿山法是将隧道断面分为若干小块进行开挖，边挖边用钢材或木材支撑。新奥法的出现改变了这一观念，围岩不仅是主动荷载，也是一种承载结构。新奥法（现代矿山法）常常采用的施工方法有全断面法、台阶法、中隔壁法（CD法）、交叉中隔壁法（CRD法）和侧壁导坑法等。

相关学习内容

新奥法（现代矿山法）即新奥地利隧道施工方法（new austrian tunnelling method，NATM）。新奥法概念是奥地利学者拉布西维兹（L. V. Rabcewicz）教授于20世纪50年代提出的，它是以隧道工程经验和岩体力学的理论为基础，将锚杆和喷射混凝土组合在一起，作为主要支护手段的一种施工方法，经过一些国家的许多实践和理论研究，于20世纪60年代取得专利权并正式命名。之后这个方法在美国、日本等许多地下工程中获得迅速发展，已成为隧道工程新技术标志之一。20世纪60年代新奥法被介绍到我国，20世纪70年代末至80年代初得到迅速发展。新奥法几乎成为在软弱破碎围岩地段修筑隧道的一种基本方法，其现场施工如图3.2.1所示。

图3.2.1 新奥法现场施工

3.2.1 新奥法的施工

新奥法的基本原理是充分利用围岩的自承能力和开挖面的空间约束作用，采用以锚杆和喷射混凝土为主要支护手段，及时对围岩进行加固，约束围岩的松弛和变形，并通过对围岩和支护结构的监控、测量来指导地下工程的设计与施工。

1. 新奥法施工的特点

(1)及时性

新奥法施工采用喷锚支护为主要手段，可以最大限度地紧跟开挖作业面施工，因此可以利用开挖施工面的时空效应，以限制支护前的变形发展，阻止围岩进入松动的状态，在必要的情况下可以进行超前支护，加之喷射混凝土的早强性能和全面粘结性，保证了支护的及时性和有效性。在隧道爆破后立即施工，用喷射混凝土做支护，能有效地制止岩层变形的发展，并控制应力降低区的伸展而减轻支护的承载，增强岩层的稳定性。

(2)封闭性

由于喷锚支护能及时施工，而且是全面密闭的支护，因此能及时有效地防止因水和风化作用造成围岩的破坏和剥落，制止膨胀岩体的潮解和膨胀，保护原有岩体强度。

隧道开挖后，围岩由于爆破作用产生新的裂缝，加上原有地质构造上的裂缝，随时都有可能产生变形或塌落。当喷射混凝土支护以较高的速度射向岩面，很好的充填围岩的裂隙、节理和凹穴，大大提高了围岩的强度。同时喷锚支护起到了封闭围岩的作用，隔绝了水和空气同岩层的接触，使裂隙充填物不致软化、解体而使裂隙张开，导致围岩失去稳定。

(3)粘结性

喷锚支护同围岩能全面粘结，这种粘结作用可以产生联锁和增加摩擦的作用。

(4)柔性

喷锚支护属于柔性支护，能够和围岩紧粘在一起共同作用，由于喷锚支护具有一定的柔性，可以和围岩共同产生变形，在围岩中形成一定范围的非弹性变形区，并能有效控制，允许围岩塑性区有适度的发展，使围岩的自承能力得以充分发挥。另一方面，喷锚支护在与围岩共同变形中受到压缩，对围岩产生越来越大的支护反力，能够抑制围岩产生过大变形，防止围岩发生松动破坏。

2. 新奥法的主要原则

新奥法的主要原则可扼要地概括为“少扰动、早支护、紧封闭、勤量测”。

(1)少扰动——开挖时要尽量减少对围岩的扰动次数、扰动强度、扰动范围和扰动持续时间。

(2)早支护——开挖后及时施作初期锚喷支护，使围岩的变形进入受控制状态。

(3)紧封闭——一方面指采取喷射混凝土等防护措施，避免围岩因长时间暴露而致强度和稳定性的衰减；另一方面指要适时对围岩施作封闭型支护。

(4)勤量测——以直观、可靠的量测方法和量测数据来准确评价围岩的稳定状态，或判断其动态发展趋势，以便及时调整支护形式、开挖方法。

3. 新奥法的施工程序

新奥法主要采用锚杆和喷射混凝土作为维护围岩稳定的初期支护，以帮助围岩获得初步稳定，施作后的锚喷支护即成为永久性承载结构的一部分，而不予以拆除，其施工程序如图 3.2.2 所示。

4. 新奥法的施工方法

新奥法可按开挖方法分类，见表 3.2.1。

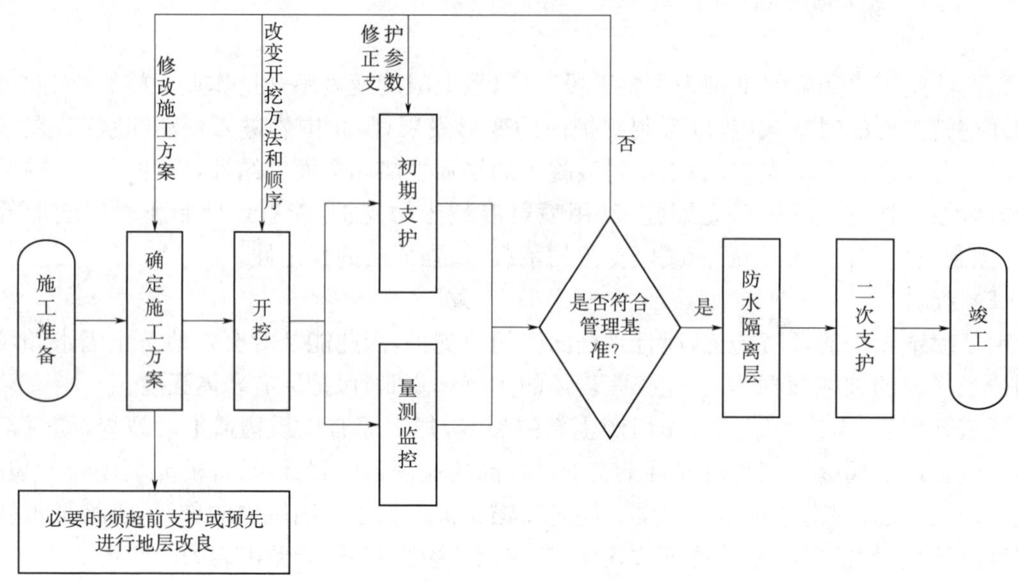

图 3.2.2 新奥法的施工程序

表 3.2.1 不同围岩条件和开挖断面适宜的开挖方法

序号	开挖方法		围岩级别	
			双车道隧道	三车道隧道
1	全断面法		Ⅰ～Ⅲ	Ⅰ～Ⅱ
2	台阶法	长台阶法	Ⅲ～Ⅳ	Ⅱ～Ⅲ
		短台阶法	Ⅳ～Ⅴ	Ⅲ～Ⅳ
		超短台阶法	Ⅴ	Ⅳ
3	分部开挖法	环形开挖留核心土法	Ⅴ～Ⅵ	Ⅲ～Ⅳ
		中隔壁法	Ⅴ～Ⅵ	Ⅳ～Ⅴ
		交叉中隔壁法	Ⅴ～Ⅵ	Ⅳ～Ⅵ
		双侧壁导坑法	—	Ⅴ～Ⅵ

选择开挖方法时，应对隧道断面大小及形状、围岩的工程地质条件、支护条件、工期要求、工区长度、机械配备能力、经济性等相关因素进行综合分析，采用恰当的开挖方法。

3.2.2 全断面法

全断面法就是按照设计轮廓一次爆破成形，然后修建衬砌的施工方法，钻眼爆破如图 3.2.3 所示，全断面法施工工序如图 3.2.4 所示。

图 3.2.3 钻眼爆破

1. 全断面法的适用条件

(1)围岩应具备从全断面开挖到初期支护

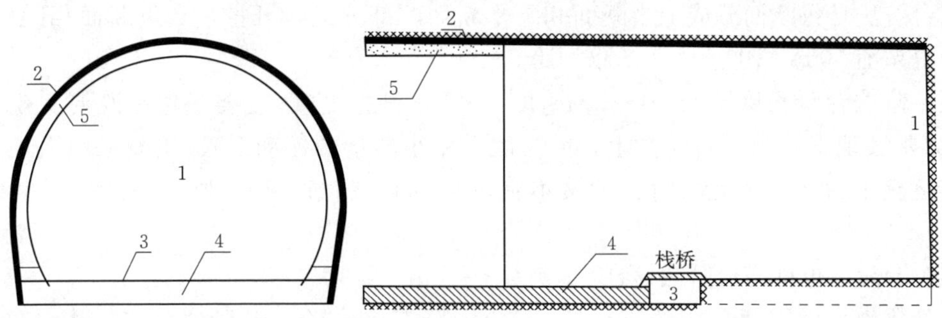

1—全断面开挖；2—初期支护；3—隧道底部开挖（捡底）；4—底板（仰拱及填充）浇筑；5—拱墙二次衬砌。

图 3.2.4 全断面法施工工序

前这段时间内，保持其自身稳定的条件。

(2)有钻孔台车或自制作业台架及高效率装运机械设备。

(3)隧道长度或施工区段长度不宜太短，根据经验一般不应小于 1 km，否则采用大型机械化施工，其经济性较差。

2. 全断面法的施工特点

(1)开挖断面与作业空间大、干扰小。

(2)有条件充分使用机械，减少人力。

(3)工序少，便于施工组织与管理，改善劳动条件。

(4)开挖一次成形，对围岩扰动少，有利于围岩稳定。

3.2.3 台阶法

台阶法是指先开挖隧道上部断面(上台阶)，上台阶超前一定距离后开始开挖下部断面(下台阶)，即上、下台阶同时前进的施工方法。

1. 台阶法的分类

台阶法可以按台阶长度、开挖分部等分为多种形式，可根据地层条件、断面大小和机械配备情况选用。

根据台阶长度不同，台阶法可划分为长台阶法、短台阶法和超短台阶法，各自的优缺点见表 3.2.2。

表 3.2.2 按台阶长度分类的台阶法的优缺点

分类	优 缺 点
长台阶法	有足够的工作空间和相当的施工速度，上部开挖支护后，下部作业较为安全，但上、下部作业有一定的干扰。相对于全断面法来说，长台阶法一次开挖的断面和高度都比较小，只需配备中型钻孔台车即可施工
短台阶法	短台阶法可缩短支护结构闭合的时间，改善初次支护的受力条件，有利于控制隧道收敛速度和量值；上台阶出渣时对下半断面施工的干扰较大，不能全部平行作业
超短台阶法	初次支护全断面闭合时间更短，更有利于控制围岩变形，更有效的控制地表沉陷；上、下断面相距较近，机械设备集中，作业时相互干扰较大，生产效率较低，施工速度较慢。在软弱围岩中施工时，应特别注意开挖工作面的稳定性

长台阶法是将断面分成上半断面和下半断面两部分进行开挖，上、下断面相距较远，一段上台阶超前 50 m 以上或大于 5 倍洞跨。

短台阶法台阶长度定为 10～15 m，即 1～2 倍开挖宽度，主要是考虑既要实现分台阶开挖，又要实现支护及早封闭。上台阶一般采用小药量的松动爆破，出渣采用人工或小型机械转运至下台阶。因此台阶长度又不宜过长，如果超过 15 m，则出渣所需的时间显得过长。

超短台阶法也称微台阶法，台阶长度为 3～5 m。

台阶数量可采用两台阶或三台阶，不应大于三个台阶。台阶法施工工序如图 3.2.5 所示。

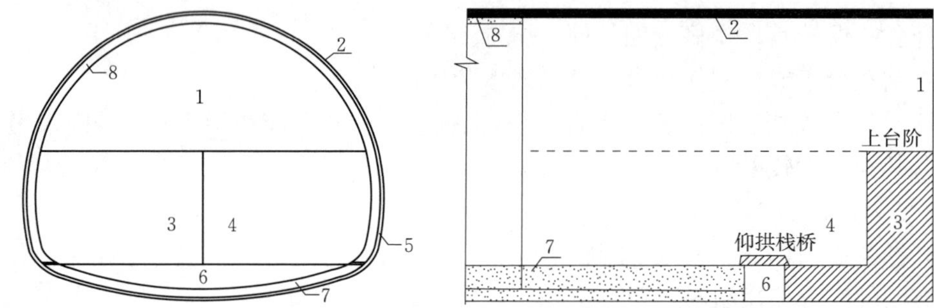

1—上台阶开挖；2—上台阶初期支护；3，4—下台阶错开开挖；5—下台阶初期支护；
6—底部开挖（捡底）；7—仰拱及填充（底板）；8—二次衬砌。

图 3.2.5　台阶法施工工序

2. 台阶法施工应符合的规定

(1)根据围岩条件和施工机械配备情况合理确定台阶长度、台阶高度及台阶数量，其各部形状应在有利于保持围岩稳定的前提下尽量便于机械作业。

(2)当围岩自稳能力较好，隧道开挖跨度不大时，为方便作业，台阶长度宜控制在 10～50 m，围岩稳定性较差时，台阶长度宜控制在 3～10 m。

(3)上部断面使用钢架时，可采用扩大拱脚和施作锁脚锚杆等措施，防止拱部下沉变形。上、下断面初期支护钢架连接应平顺，螺栓连接应牢固。

(4)围岩整体性较差时，施工中应采取措施，减少下部开挖时对上部围岩和支护的扰动，下部断面应在上部断面喷射混凝土达到一定强度后开挖。

(5)当围岩不稳定时进尺宜为 1～1.5 m，落底后应立即施作初期支护。

(6)仰拱应及时施作，使支护及早闭合成环。

3.2.4　分部开挖法

1. 环形开挖预留核心土法

环形开挖预留核心土法是先开挖上部导坑成环形，并进行支护，再分部开挖中部核心土、两侧边墙的施工方法。

环形开挖预留核心土法施工应符合下列规定：

(1)台阶开挖高度宜为 2.5～3.5 m。

(2)环形开挖每循环进尺,Ⅴ级围岩宜不大于1榀钢架间距,Ⅳ级围岩宜不大于2榀钢架间距。中下台阶每循环进尺,不得大于2榀钢架间距。核心土面积宜不小于断面面积的50%。

(3)上台阶钢架施工时,应采取有效措施控制其下沉和变形。

(4)拱部超前支护完成后,方可开挖上台阶环形导坑。留核心土长度宜为3～5 m,宽度宜为隧道开挖宽度的1/3～1/2。

(5)各台阶留核心土开挖每循环进尺宜与其他分部循环进尺相一致。

(6)核心土与下台阶开挖应在上台阶支护完成且喷射混凝土强度达到设计强度的70%后进行。下台阶左、右侧开挖应错开3～5 m,同一榀钢架两侧不得同时悬空。

(7)仰拱施作应紧跟下台阶,以及时闭合成稳固的支护体系。

当地质条件较差,采用台阶法开挖掌子面自稳能力不足时,可采用环形开挖留核心土法。环形开挖留核心土法可分为两台阶环形开挖留核心土法和三台阶环形开挖留核心土法。图3.2.6为两台阶环形开挖预留核心土法开挖法施工工序。

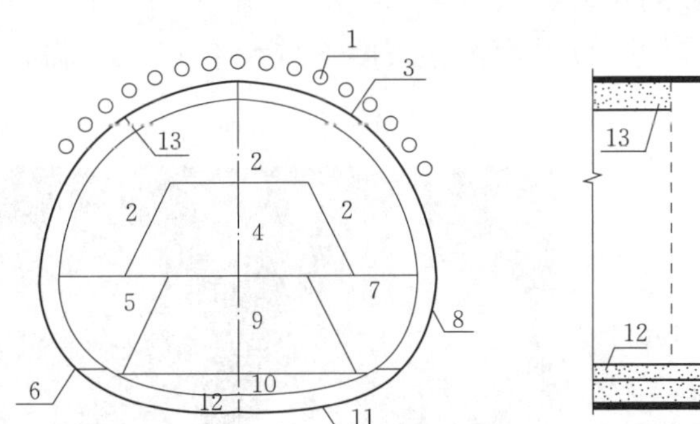

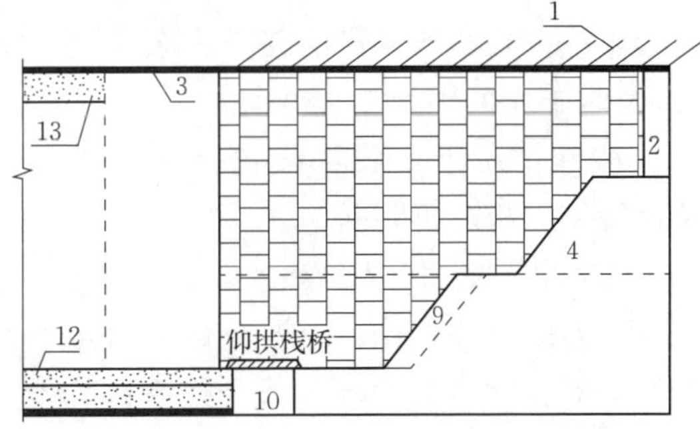

1—超前支护；2—上部环形导坑开挖；3—上部初期支护；4—上部核心土开挖；5，7—两侧开挖；6，8—两侧初期支护；9—下部核心土开挖；10—仰拱开挖；11—仰拱初期支护；12—仰拱及填充混凝土；13—拱墙二次衬砌。

图3.2.6 两台阶环形开挖预留核心土法开挖法施工工序

2. 中隔壁法(CD法)

中隔壁法(简称CD法,俗称中隔墙施工法,也叫六步开挖法,如图3.2.7所示)是将隧道分为左、右两部分进行开挖,先在隧道一侧采用两部或三部分层开挖,施作初期支护和中隔墙临时支护,再分台阶开挖隧道另一侧,并进行相应的初期支护的施工方法,CD法施工工序如图3.2.8所示。

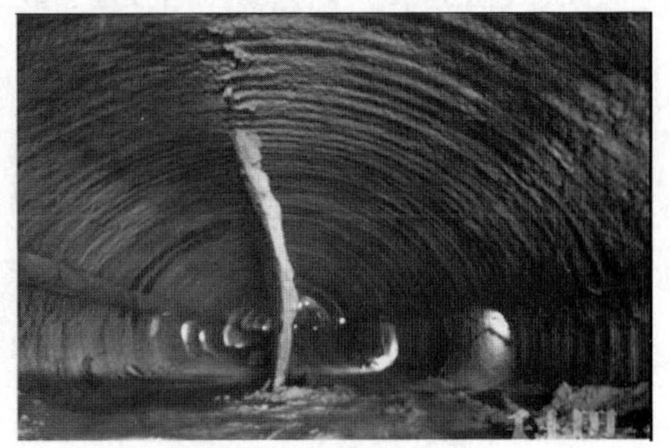

图3.2.7 CD法现场施工

CD法适用于Ⅳ～Ⅴ级围岩的隧道,也可用于浅埋地段隧道。具体施工要求如下:

(1)CD法左、右部的台阶高度应根据地质情况、隧道断面大小和施工设备确定。每侧按两部或三部分台阶开挖,开挖后应及时施作初期支护、中隔壁;两侧先后距离宜保持10～20 m,上、下断面的距离宜保持3～5 m。

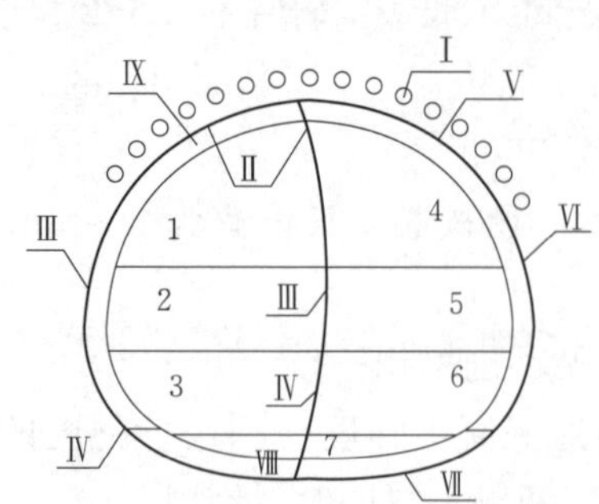

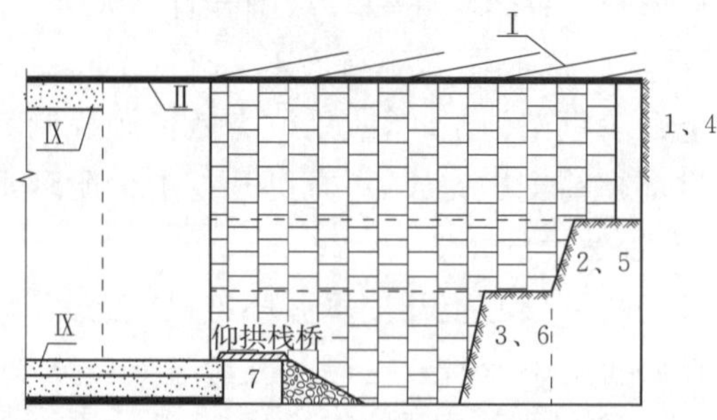

Ⅰ—超前支护；1—左侧上部开挖；Ⅱ—左侧上部初期支护；2—左侧中部开挖；Ⅲ—左侧中部初期支护；3—左侧下部开挖；Ⅳ—左侧下部初期支护；4—右侧上部开挖；Ⅴ—右侧上部初期支护；5—右侧中部开挖；Ⅵ—右侧中部初期支护；6—右侧下部开挖；Ⅶ—右侧下部初期支护；7—拆除中隔壁；Ⅷ—仰拱及填充混凝土；Ⅸ—拱墙二次衬砌。

图 3.2.8　CD 法施工工序

(2)各部开挖时，相邻部位的喷射混凝土强度应达到设计强度的 70%以上。

(3)先行侧的中隔壁应设置为向外鼓的弧形。

(4)中隔壁在浇筑仰拱前逐段拆除。中隔壁一次拆除长度不宜大于 15 m。临时支护拆除后应及时施作仰拱和二次衬砌。

(5)特殊情况下可将中隔壁浇筑在仰拱中，待铺设防水板时再割断。

3. 交叉中隔壁法(CRD 法)

CRD 法是分部开挖、支护，分部闭合成小环，最后全断面闭合成大环。每开挖一部均及时施作初期支护、中隔壁及临时仰拱，CRD 法现场施工如图 3.2.9 所示，CRD 法施工工序如图 3.2.10 所示。

图 3.2.9　CRD 法现场施工

CRD 法适用于Ⅴ、Ⅵ级围岩及围岩较差的浅埋地段隧道。具体施工要求如下：

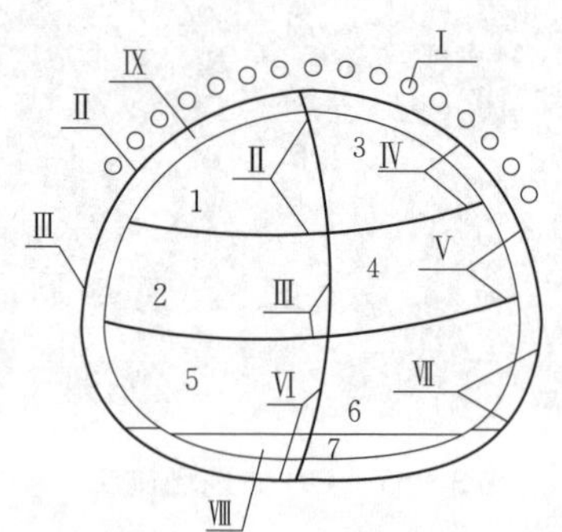

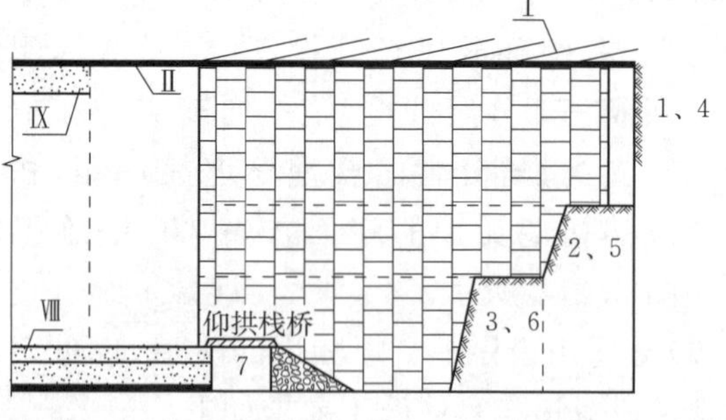

Ⅰ—超前支护；1—左侧上部开挖；Ⅱ—左侧上部初期支护成环；2—左侧中部开挖；Ⅲ—左侧中部初期支护成环；3—右侧上部开挖；Ⅳ—右侧上部初期支护成环；4—右侧中部开挖；Ⅴ—右侧中部初期支护成环；5—左侧下部开挖；Ⅵ—左侧下部初期支护成环；6—右侧下部开挖；Ⅶ—右侧下部初期支护成环；7—拆除中隔壁及临时仰拱；Ⅷ—仰拱及填充混凝土；Ⅸ—拱墙二次衬砌。

图 3.2.10　CRD 法施工工序

(1)根据地质条件，隧道断面的分部，应以初期支护受力均匀，且便于发挥人力、机械效率为原则，一般水平方向分两部，上、下分 2～3 步开挖。

(2)先行施工部位的临时支撑(中隔壁、临时仰拱)，均应有向外(下)鼓的弧度。

(3)各部开挖及支护应自下而上，开挖后及时施作初期支护、中隔壁、临时仰拱，步步成环。

(4)同一层左右两部分开挖工作面相距不宜大于 15 m，上、下层开挖工作面相距宜保持 3～4 m，且待喷射混凝土达到设计强度的 70%后开挖相邻部位。

(5)宜缩短各部开挖工作面的间距，使初期支护尽早封闭成环。

(6)根据监测结果，中隔壁及临时仰拱在仰拱浇筑前逐段拆除，每段拆除长度宜不大于 15 m。

4. 侧壁导坑法

侧壁导坑法是在十分松软的地层中修建隧道的基本方法之一。在很松软、不稳定地层中修筑大跨度隧道时，为了施工安全，先沿坑道周边分部开挖，随即逐步由边墙到顶拱修筑衬砌，以防止地层坍塌。开挖时可将临时支撑和拱架都支撑于坑道中间未被开挖的大块核心地层上，在衬砌保护之下最后将此核心挖除，必要时再砌筑仰拱，因此又称核心支撑法。侧壁导坑法通常适用于围岩压力很大、地层不稳定的大跨度隧道，双侧壁导坑法施工如图 3.2.11 所示。

图 3.2.11　双侧壁导坑法施工

侧壁导坑法包括单侧壁导坑法和双侧壁导坑法。双侧壁导坑法是先开挖隧道两侧导坑，及时施作导坑四周初期支护及临时支护，然后再根据地质条件、断面大小，对剩余部分采用二部或三部开挖的方法，双侧壁导坑法施工工序如图 3.2.12 所示。

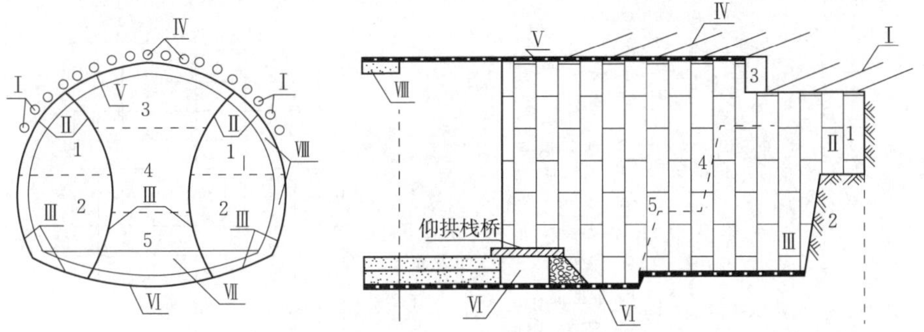

Ⅰ—两侧超前支护；1—左（右）导坑上部开挖；Ⅱ—左（右）侧导坑上部初期支护；
2—左（右）侧导坑下部开挖；Ⅲ—左（右）侧导坑下部支护成环；Ⅳ—拱部超前小导管；
3—中壁上部开挖；Ⅴ—中壁拱部初期支护与左右Ⅱ闭合；4—中壁中部开挖；5—中壁下部开挖；
Ⅵ—中壁下部初期支护与左右Ⅲ闭合；6—拆除临时支护；Ⅶ—仰拱及填充混凝土施工；Ⅷ—拱墙二次衬砌。

图 3.2.12　双侧壁导坑法施工工序

双侧壁导坑法一般用于双线隧道Ⅴ、Ⅵ级围岩及浅埋地段，其施工要求如下：

(1)侧壁导坑形状宜近于椭圆形断面，导坑断面宽度宜为整个断面的 1/3。

(2)侧壁导坑、中槽部位宜采用短台阶开挖，各部距离应根据隧道埋深、断面大小等选取。各部开挖后应及时进行初期支护及临时支护，并尽早封闭成环。

(3)两侧壁导坑超前中槽部位 10～15 m，可独立同步开挖和支护；中槽部位采用台阶法开挖，并保持平行作业。

(4)中槽开挖后，拱部钢架与两侧壁钢架的连接是难点。在两侧壁导坑施工中，钢架的位置应准确定位，确保各部架设钢架连接后在同一个垂直面内，避免钢架发生扭曲。

(5)根据量测信息，初期支护稳定后拆除临时支护，一次拆除长度不得大于 15 m，并加强监测。

(6)临时支护拆除完成后，应及时施作仰拱及二次衬砌。

3.2.5 典型案例

典型案例 1：萝峰隧道全断面法施工

萝峰隧道位于广东省广州市萝岗—萝峰间牛头岭山体中，为上、下行分离的 3 车道高速公路隧道，是广惠高速公路的控制性工程。该隧道最大埋深约 130 m，设计净高 5.0 m，净宽 14.0 m；开挖断面 116～153 m^2，最大开挖净宽 16.5 m；Ⅰ、Ⅱ、Ⅲ级围岩占隧道总长度的 80%以上，稳定性较好，萝峰隧道关键工序如图 3.2.13 所示。

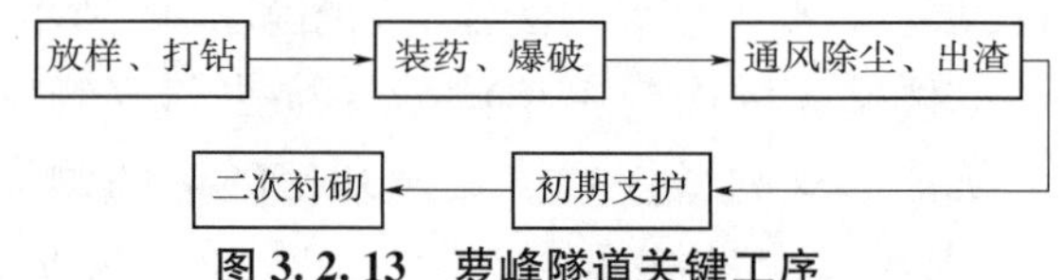

图 3.2.13 萝峰隧道关键工序

为便于安装炸药及喷射混凝土作业，萝峰隧道施工中专门设计了装药台车。与人工搭设脚手架相比，施工效率至少提高 1 倍以上。全断面开挖方法是根据萝峰隧道的围岩性状、设备投入及成本分析等决定。全断面钻爆设计如图 3.2.14 所示。

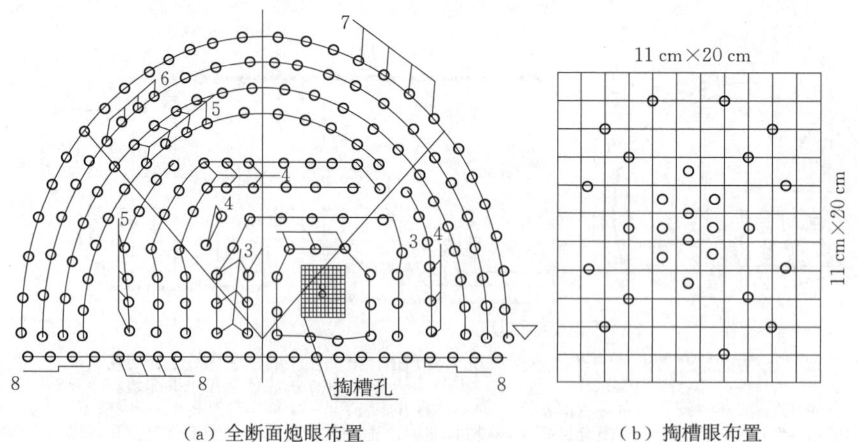

(a) 全断面炮眼布置　　(b) 掏槽眼布置

图 3.2.14 全断面钻爆设计

注：图上数字为炮眼号。

典型案例 2：大王顶隧道三台阶法施工

大王顶隧道属珠江三角洲经济区外环公路江门至肇庆高速公路的控制性工程。该隧道位于佛山市高明区，Ⅴ级围岩浅埋段开挖采用施工快、工效高的三台阶法施工技术，适用于大断面软弱围岩开挖，具有扰动围岩少、封闭早、施工方便快速、工程造价和施工成本低的优点。上台阶长 5 m，中台阶长 10 m，下台阶长 10～15 m，仰拱至下台阶距离 15～20 m。上台阶高 292 cm，中台阶高 385 cm，下台阶高 397 cm。Ⅴ级围岩三台阶法设计如图 3.2.15 所示。

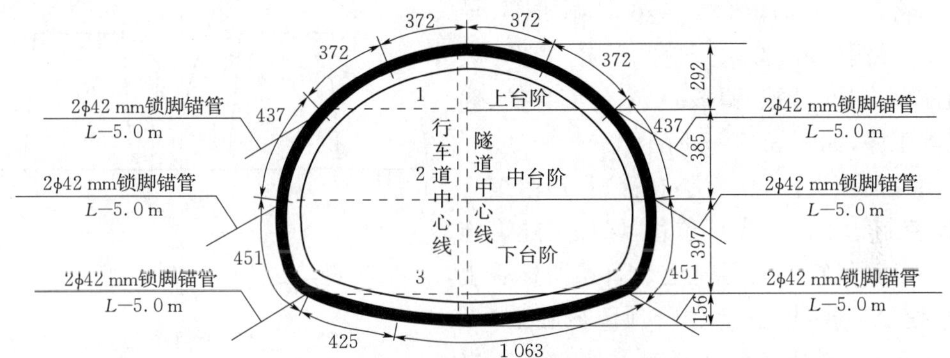

图 3.2.15　Ⅴ级围岩三台阶法设计（单位：cm）

上、中、下台阶每循环掘进开挖宜控制在 2 榀以内；中台阶、下台阶开挖分左、右两侧进行，马口错开长度约 5 m。大王顶隧道Ⅴ级围岩三台阶法施工示意如图 3.2.16 所示。

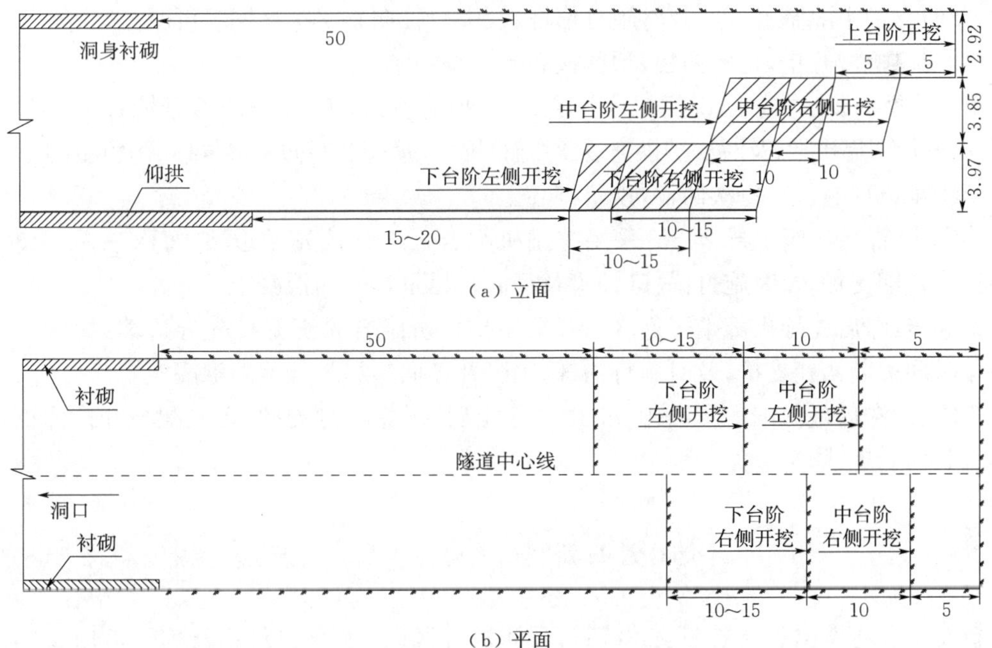

图 3.2.16　大王顶隧道Ⅴ级围岩三台阶法施工示意（单位：m）

典型案例 3：王村隧道上台阶预留核心土 CD 法施工

王村隧道位于陕西省黄陵县，设计隧道断面 177 m^2，宽度 17 m，高度 12 m，隧道穿越地层主要为第四系下更新统午城组黄土。隧道全长均为Ⅴ级围岩，围岩自稳性差，开挖中伴有滴水、渗水现象。

上台阶预留核心土 CD 法是将 CD 法、两台阶法及隧道施工预留核心土思路组合形成的施工工艺。将隧道分为上台阶左右导洞拱部、导洞核心土、导洞边墙、仰拱开挖几部分。它一般包括超前预支护、开挖、留核心土、初期支护、仰拱施工等工序，如图 3.2.17 所示。

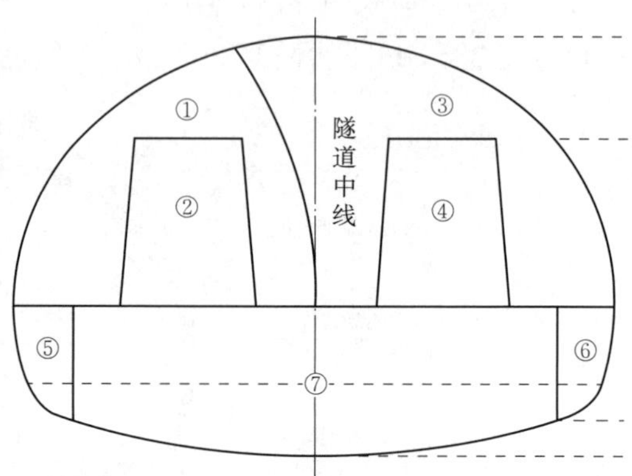

图 3.2.17　上台阶预留核心土 CD 法施工工序

注：①～⑦表示施工步骤。

采用超前预支护（超前小导管）及预留核心土，确保控制掌子面的先行位移，保证了隧道施工安全；先行导坑、后行导坑上台阶预留核心土开挖（开挖至起拱线）。上台阶预留核心土 CD 法的适用范围：地质条件为Ⅳ～Ⅴ级软弱围岩的公路、铁路和水利水电大跨径隧道施工。

施工步骤：

第①步：先行上导施工，超前预支护后，人机配合开挖先导并预留核心土，每次进尺两榀拱架，及时支护中隔壁、拱部，及时施打锚杆（锁脚及径向），尽早挂网喷混凝土。

第②步：机械开挖，每次两榀，预留核心土。

第③步：后行上导施工，滞后先行上导 15 m，超前预支护后，人机配合开挖后导并预留核心土，每次进尺两榀拱架，及时支护拱部，及时施打锚杆（锁脚及径向），尽早挂网喷混凝土。

第④步：机械开挖，每次两榀，预留核心土。

第⑤步：滞后先行上导 25 m，采用挖掘机配合人工开挖先导边墙，每次三榀，及时施作先导边墙初期支护，及时施打锚杆（锁脚及径向），尽早挂网喷混凝土。

第⑥步：滞后先导拱部掌子面 35 m，采用挖掘机配合人工开挖先导边墙，每次三榀，及时施作后导边墙初期支护，及时施打锚杆（锁脚及径向），尽早挂网喷混凝土。

第⑦步：滞后最前端掌子面 45 m，围岩稳定后，拆除临时支护，人机配合开挖仰拱，每次 6 m，并及时封闭成环。

典型案例 4：新发一号隧道 CRD 法施工

新发一号隧道位于云桂铁路弥勒—石林板桥区间，为双线隧道，全长 582 m。全隧为Ⅴ级强风化玄武岩，属膨胀土，由于膨胀土本身遇水后土体膨胀、强度降低，因此采用强支护

CRD法施工,快速成环,减少围岩开挖后在空气中暴露的时间。

CRD法主要为分部开挖、支护,分部闭合成小环,全断面闭合成大环三个工序,每开挖一部均及时施作初期支护、中隔壁及临时仰拱。待初期支护变形稳定后,拆除临时竖撑下半部分,浇筑仰拱及仰拱填充,而后根据监控量测结果,确定二次衬砌施作时机。

洞身开挖坚持“先预报、管超前、短进尺、弱扰动、强支护、快封闭、勤量测”的原则,分部开挖,快速封闭。各分部开挖面相距3~5 m。

典型案例5:地铁暗挖隧道双侧壁导坑法施工

沈阳市轨道交通七号线吉祥站—沈阳大学站区间位于联合路下方,线路出吉祥站后沿联合路西行,下穿吉祥桥、沈吉铁路框构桥,侧穿两侧多栋房屋后到达沈阳大学站,全长734.81 m(双延米),采用双侧壁导坑法施工,区间开挖拱顶范围的地基土主要为粗砂、细砂、粉细砂及圆砾夹层,砂层含水率大。双侧壁导坑法严格遵循在无水条件下“管超前、严注浆、短步距、强支护、快封闭、勤测量”的施工原则,双侧壁导坑法开挖施工工序如图3.2.18所示。

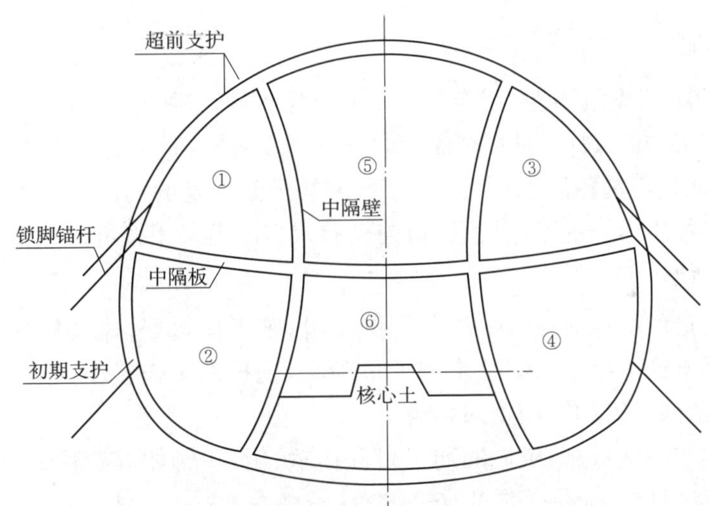

图3.2.18 双侧壁导坑法开挖施工工序

注:①~⑥表示洞室编号。

采用双侧壁导坑法施工时,为了保证各导洞施工安全距离,将上、下导洞长度错开了5 m,相邻左、右导洞长度错开了15 m。施工安全距离的选定应综合考虑围岩稳定性、初期支护沉降等因素。双侧壁导坑法在地铁施工时多用于区间折返线、存车线、渡线等大断面隧道,断面面积为80 m^2 以上。

复习思考题

1. 简述新奥法的施工方法。
2. 台阶法有哪些形式?如何确定台阶长度?

3. 简述CD法的施工要求。
4. 简述双侧壁导坑法的施工要求。
5. 简述全断面法的施工特点。
6. 简述台阶法的施工特点。
7. 简述CRD法和CD法的区别。
8. 简述双侧壁导坑法施工步骤。

任务3.3 TBM 法

隧道掘进机(简称TBM)是一种机械化的隧道掘进设备。随着国民经济的快速发展,我国城市化进程不断加快,国内的城市地铁隧道、水工隧洞、铁路隧道、公路隧道、市政管道等隧道工程将需要大量的隧道掘进机。TBM法是利用掘进机切削破岩、开凿隧道的施工方法。掘进机施工有钻爆法施工不可比拟的优点。例如,甘肃引大入秦工程和山西万家寨引黄工程中用掘进机施工引水隧道获得成功。

相关学习内容

我国习惯上将用于软土地层的隧道掘进机称为盾构,将用于岩石地层的隧道掘进机称为TBM。通常定义中的TBM是指全断面岩石隧道掘进机,是以岩石地层为掘进对象,它与盾构的主要区别就是不具备泥水压、土压等维护掌子面稳定的功能。随着科技发展的步伐加快,随着掘进机技术本身的不断发展,目前已有很多隧道采用掘进机法施工。

3.3.1 TBM的类型

TBM开挖隧道的优点有:一次成洞;洞壁光滑;施工质量好;速度快;劳动条件好;对围岩的损伤小,几乎不产生松弛;掉块、崩塌的危险小,支护的工作量小;超挖小、衬砌省;振动小、噪声小,对周围的居民和结构物的影响小。

TBM开挖隧道的缺点有:机械的购置费和运输、组装、解体等费用高,机械的设计制造时间长,初期投资高;施工途中不能改变开挖直径;掘进机施工方式一经确定,就不可能像钻爆法施工那样自由变更施工方法,难以适应复杂的地质变化情况;开挖断面的大小、形状更困难。

目前使用的TBM有敞开式、护棚式和护盾式等类型,TBM由破岩机构,推进机构,出渣机构,导向调节机构及吸尘、通风装置等几部分组成。

(1)敞开式TBM如图3.3.1所示,配置了钢拱架安装器与喷锚等辅助设备,常应用于硬岩隧道,采取有效支护手段后也可应用于软岩隧道。

(2)单护盾TBM如图3.3.2所示,常用于劣质地层。单护盾TBM推进时利用管片作支撑,其原理类似于盾构。与双护盾TBM相比,掘进与安装管片不能同时进行。

(3)双护盾TBM如图3.3.3所示,适用于各种地质,既能适应软岩,也能适应硬岩或软硬岩交互地层。

图 3.3.1　敞开式 TBM

图 3.3.2　单护盾 TBM

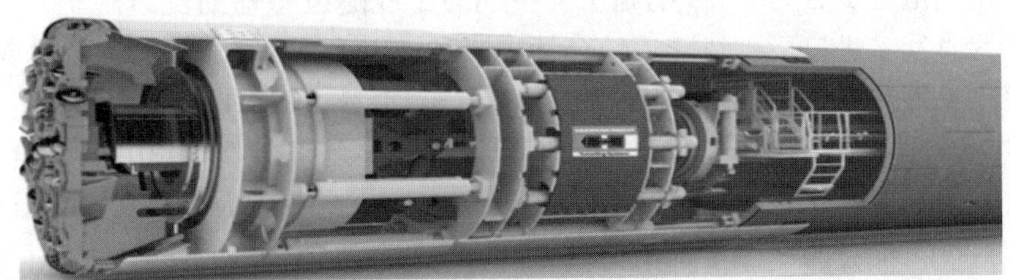

图 3.3.3　双护盾 TBM

3.3.2　TBM 的选用

由于 TBM 与辅助施工技术日趋完善，以及现代高科技成果的应用大大地提高了 TBM 对各种困难条件的适应性，可根据隧道围岩的岩性条件、地质条件和机械条件等因素进行判定。

1. 影响 TBM 选用的地质因素

影响 TBM 选用的地质因素有岩石强度、岩层裂隙、岩石硬度及破碎带等恶劣条件等。整条隧道地质情况均较差时采用单护盾 TBM；良好地质条件中则采用敞开式 TBM；双护盾 TBM 常用于复杂地层的长隧道开挖，一般适用于中厚埋深、中高强度、地质稳定性基本良好的隧道，对各种不良地质与岩石强度变化有较好的适应性。

2. 影响 TBM 选用的机械因素

在硬岩中开挖大直径隧道很困难，开挖直径越大，刀头内周与外周的差速越大，将对刀头产生种种不良影响。随着开挖直径的增大，需要增大推力，支撑靴也要增大，将导致运输困难与承载力不足等问题。

3. TBM 的适用范围

(1)一般只适用于圆形断面隧道,只有铣削滚筒式掘进机可在软岩中掘进非圆形断面隧道。

(2)隧道开挖直径通常在 1.8～12 m,其中直径 3～6 m 最为成熟。

(3)一次性连续开挖长度不宜短于 1 km,不宜长于 10 km,以 3～8 km 最佳。

(4)适用于中硬岩层,岩石单轴抗压强度为 20～250 MPa。

(5)选用 TBM 开挖隧道应尽量避开复杂不良岩层。

3.3.3 典型案例

典型案例:高黎贡山隧道敞开式 TBM 施工

大理—瑞丽铁路位于云南省西部地区,东起广大铁路终点站大理站,穿苍山、笔架山、大光山、高黎贡山等山脉,西至瑞丽,线路全长 330 km。隧道穿越高黎贡山,高黎贡山隧道位于大瑞铁路怒江车站—龙陵车站区间,全长 34.538 km。为满足设计工期要求,采用 TBM 施工。

高黎贡山隧道施工分为一、二期施工。一期为Ⅰ线隧道+辅助坑道施工。Ⅰ线隧道全隧线路中线为直线。进口段Ⅰ线隧道结合钻爆法和 TBM 法进行施工,TBM 施工困难段及洞口段均采用钻爆法施工,Ⅰ线 TBM 直径为 9.0 m,平导 TBM 直径为 6.36 m。二期将贯通平导扩挖为Ⅱ线隧道。

敞开式 TBM 主要用于岩石整体性较好、围岩有一定自稳能力的隧道施工,特别是在硬岩、中硬岩掘进中,强大的支撑系统为刀盘提供了足够的推力,能充分发挥 TBM 快速掘进优势。高黎贡山隧道进口段岩性复杂,岩层软硬不均,断裂破碎带较多,不适合采用 TBM 施工的,将采用灵活性高的钻爆法施工。

复习思考题

1. 简述 TBM 的分类。
2. 简述 TBM 的优缺点及适用范围。
3. 简述在高黎贡山隧道中敞开式 TBM 的优势。

任务 3.4 盾 构 法

在地铁隧道的修建过程中,盾构施工法是软土隧道掘进施工的一种有效方法,已在城市地下铁道施工中得到广泛应用。盾构机由盾壳、推进机构、取土机构、拼装或现浇衬砌机构以及盾尾等部分组成。它既是一种施工机具,又是一个强有力的临时支撑结构。在盾壳的保护下,既可进行开挖,又能进行衬砌;采用盾构施工,不影响地面交通、没有振动、对地面邻近建筑物危害较小;施工费用基本不受埋深的影响。在土质差、水位高的地方建设埋深较大的隧道时，盾构法有较高的经济技术优越性。

相关学习内容

盾构法是暗挖法施工中的一种全机械化施工方法。它是利用盾构机在地中推进，通过盾构外壳和管片支撑四周围岩，防止发生往隧道内的坍塌；同时在开挖面前方用切削装置进行土体开挖，通过出土机械运出洞外，靠千斤顶在后部加压顶进，并拼装预制混凝土管片，形成隧道结构的一种机械化施工方法。

3.4.1 盾构机的类型

盾构机的类型分为敞开型、部分敞开型、封闭型和复合型。敞开型由人工开挖盾构、半机械开挖盾构和机械开挖盾构组成。部分敞开型由挤压盾构和网格盾构组成。封闭型由泥水加压型盾构和土压平衡型盾构组成。其中泥水加压型盾构可分为直接控制型盾构和间接控制型盾构两类；土压平衡型盾构可分为加泥型、加水型和泥浆型三类。复合型由泥水加压型复合盾构、土压平衡型复合盾构和敞开型复合盾构组成。下面介绍几种国内常用的盾构机。

泥水加压型盾构机如图 3.4.1 所示。这种盾构的旋转切削头后面有一个用隔板密封起来的泥浆室，其间充满从地面泥水处理设备输送来的有压泥浆，泥浆的压力比开挖面的地下水压力高，从而保持开挖面稳定。弃渣与泥浆混合后由输泥管抽出洞外进行渣泥分离处理。它适宜于黏性软土或砂质含水地层的施工。

土压平衡型盾构机如图 3.4.2 所示。这种盾构是把旋刀切削下来的土留存于储土室内，然后根据掘进量且在保持对开挖面施加一定压力的条件下，由螺旋输送器自动控制出土量，连续出土。这样不仅可以防止开挖面坍塌，滞留在螺旋输送器内的土砂还可以起隔水墙的作用来抵抗地下水压力。土压平衡型盾构机适用于粘结性土壤的开挖。复合型土压平衡盾构机是在基本型土压平衡盾构机的刀盘上安装切削岩层的各式刀具，有的还在盾构内安装碎石机，这种硬岩开挖工具与软土隧道盾构机械相结合，能在硬岩和软土地层交替作业。

图 3.4.1 泥水加压型盾构

图 3.4.2 土压平衡型盾构

盾构机按直径大小分类见表 3.4.1。

表 3.4.1 盾构机按直径大小分类

直 径	名 称	直 径	名 称
0.2～2 m	微型盾构	7～12 m	大型盾构
2～4.2 m	小型盾构	12 m 以上	超大型盾构
4.2～7 m	中型盾构		

盾构机按断面形状可分为：单圆盾构[图 3.4.3(a)]、复圆盾构(多圆盾构)、非圆盾构。其中复圆盾构可分为双圆盾构[图 3.4.3(b)]和三圆盾构[图 3.4.3(c)]。非圆盾构可分为椭圆形盾构、矩形盾构[图 3.4.3(d)]、马蹄形盾构、半圆形盾构。复圆盾构和非圆盾构统称为异形盾构。

(a) 单圆盾构

(b) 双圆盾构

(c) 三圆盾构

(d) 矩形盾构

图 3.4.3 按断面形状分类

3.4.2 盾构机的选用

一般来说，用盾构法施工的地层都是复杂多变的。因此，对于复杂的地层要选定较为经济的盾构是当前的一个难题。实际上，在选定盾构时，不仅要考虑地质情况，还要考虑盾构机的外径、隧道的长度、工程的施工程序、劳动力情况等，而且还要综合岩石工程施工环境、施工对环境的影响程度等。

选择盾构机的种类一般要求掌握不同盾构机的特征。同时，还要逐个研究以下几点：开挖面有无障碍物；气压施工时开挖面能否自立稳定；气压施工或用其他辅助施工法后开挖面能否稳定；挤压推进、切削土加压推进中，开挖面能否自立稳定；开挖面在加入水压、泥压、泥水压作用下，能否自立稳定；经济性等。下面介绍几种盾构机的适用条件。

（1）泥水加压型盾构机：泥水加压型盾构机适用于冲积形成砂砾、砂、粉砂、黏土层、弱固结的土层地基以及含水率高、开挖面不稳定的地层；洪积形成的砂砾、砂、粉砂、黏土层以及含水率很高、固结松散、易于发生涌水破坏的地层，是一种适用于多种土质条件的盾构形式。但是对于难以维持开挖面稳定性的高透水性地基、砾石地基，有时也要考虑采用辅助施工方法。

（2）土压平衡型盾构机：土压平衡型盾构机适用于含水率和粒度组成比较适中的粉土、黏土、砂质粉土、砂质黏土、夹砂粉黏土等可以直接从掘削面流入石舱及螺旋排土器的土质。但对含砂量过多的不具备流动性的土质，不宜选用。

（3）复合型盾构机：采用盾构机掘进长距离隧道时会遇到复杂多变的地质条件，往往一种盾构机难以满足施工，此时，即需要复合型盾构。

3.4.3　典例案例

典例案例1：春风隧道泥水盾构的施工

春风隧道为深圳市城市公路交通快速路隧道，上、下2层，双向4车道，设计时速60 km。隧道工程线路全长约5.08 km，其中盾构隧道段全长3.583 km，其最小曲线半径750 m。隧道下穿地铁9号线鹿丹村站人行通道、布吉河、海关宿舍楼、深圳边检宿舍楼等建（构）筑物。

春风隧道具有开挖断面大、区间长、埋深大、水压高等特点，其超大直径盾构施工难点如下：隧道为全断面岩层，地质岩石强度范围大，石英含量高，刀盘、刀具、泥水管路易磨损；隧道穿越软弱围岩和破碎带，碎石易受到扰动，掉落堆积造成堵舱滞排；隧道下穿重要建筑物和道路，地表沉降控制要求高。针对以上难点，项目选择采用1台专门设计的超大直径泥水盾构来施工，深圳“春风号”盾构机如图3.4.4所示。

图3.4.4　深圳“春风号”盾构机

典型案例2：宁波地铁类矩形盾构法的施工

2015年初，为应对宁波市轨道交通4号线穿越老城区所面临的沿狭小街道的线网布设和苛刻的建（构）筑物保护要求，宁波市轨道交通集团有限公司采用了“科研—设计—施工一体化”的管理模式，针对性地研发了新型单洞双线隧道结构——类矩形盾构法隧道。

单洞双线是轨道交通隧道一种重要的结构类型，具有节约横向空间，利于在区间内设置配线、便于设置旁通道等优点。它的断面由数条光滑、可导的曲线构成，形成类似矩形的封闭轮廓。

类矩形盾构法隧道的结构效率和空间利用效率比较平衡，与矩形断面相比，占用空间略大，但结构厚度大幅度减小；与普通圆隧道和单洞双线大型圆隧道相比，大幅度减小了占用的地下空间，但结构厚度略有增加。类矩形技术体系主要应用于城市核心区和老旧城区的地铁建设，类矩形盾构机如图 3.4.5 所示。

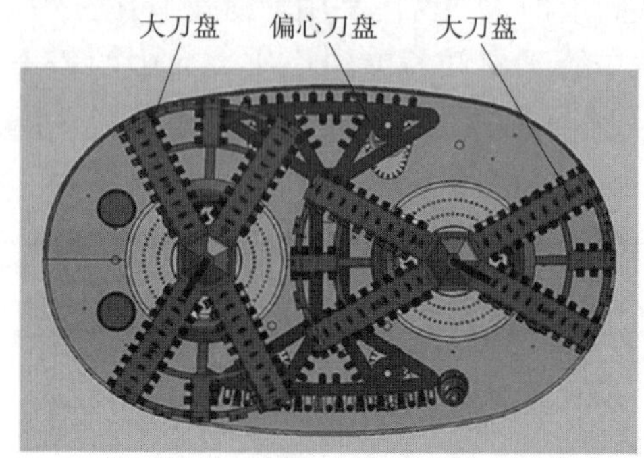

（a）类矩形盾构机结构

（b）类矩形盾构机实物

图 3.4.5　类矩形盾构机

类矩形盾构机既要适应老城区线路曲折多变、转弯半径往往接近规范极限的要求，又要尽量减少小半径曲线推进时的地层损失，因此必须设置壳体铰接结构，隧道实景如图 3.4.6 所示。

图 3.4.6　隧道实景

复习思考题

1. 简述如何选择盾构机的种类。
2. 简述盾构法与 TBM 法的主要区别。
3. 简述在春风隧道施工中，采取类矩形盾构施工的优势。
4. 结合春风隧道施工和宁波地铁施工，请思考一下盾构法的优势是什么？

任务3.5 顶管施工

随着我国经济持续稳定地增长，城市化进程的进一步加快，我国的地下管线的需求量也在逐年增加。加之人们对环境保护意识的增强，顶管技术将在我国地下管线的施工中起到越来越重要的地位和作用。非开挖技术的发展必将向规模化、规范化、国际化的方向发展。

经过多年的发展，顶管施工技术在我国已得到大量地实际工程应用，且保持着高速的增长势头，无论在技术、顶管设备，还是施工工艺均取得了很大的进步，在某些方面已达到了世界领先水平。2001年上海隧道工程有限公司在江苏省常州市完成了长2.05 km、直径2 m的钢筋水泥管顶管工程。磨刀门水道顶管工程的顶管管径达2.4 m，一次性顶管长度达2.329 km，是平岗—广昌原水供应保障工程（也被称为珠海西水东调二期工程）的施工难点和最关键的控制性节点工程，在2019年正式贯通。

相关学习内容

顶管施工是非开挖施工方法，是一种不开挖或者少开挖的管道埋设施工技术。顶管法施工就是在工作坑内借助于顶进设备产生的顶力，克服管道与周围土壤的摩擦力，将管道按设计的坡度顶入土中，并将土方运走，第一节管子完成顶入土层之后，再下第二节管子继续顶进。

3.5.1 顶管施工的工作原理

顶管施工是继盾构施工之后而发展起来的一种地下管道施工方法，它不需要开挖面层，并且能够穿越公路、铁路、河川、地面建筑物、地下构筑物以及各种地下管线等。顶管施工借助于主顶油缸及管道间、中继间等的推力，把工具管或掘进机从工作井内穿过土层一直推到接收井内吊起。与此同时，也就把紧随工具管或掘进机后的管道埋设在两井之间，以实现非开挖敷设地下管道的施工方法。

在顶管施工中最为主流的有三种平衡理论：气压平衡、泥水平衡和土压平衡理论。顶管施工最突出的特点就是适应性问题。针对不同的地质情况、施工条件和设计要求，应选用与之适应的顶管施工方式。正确地选择顶管机和配套辅助设备，对于顶管施工来说将是非常关键的，顶管机如图3.5.1所示。

图3.5.1 顶管机

3.5.2 顶管施工的特点

（1）不需开凿路面，施工面由线变点，占地面积少，可减少破路费用。

（2）施工面移入地下，地面活动不受施工影响，减少了对交通的干扰。穿越铁路、公路、河流、建筑物等障碍物时可减少沿线的拆迁工作量，不影响正常通航。

(3)顶进速度快、施工周期短、综合成本低、覆土深度大的情况下比开槽埋管经济。

(4)施工中噪声影响小,不影响环境,不破坏现有的管线和构筑物。

(5)在承载力较小但有一定承载力的土层中顶管是可行的,不必像深埋管需要先进行地基处理。

根据顶管技术的特点,顶管法通常适用于下面几种情况:

(1)非岩性土层,或在岩石层、含水层施工难度大时。

(2)管道穿越铁路、公路、河流或建筑物时。

(3)街道狭窄、两侧建筑物多时。

(4)在交通繁忙的市区街道施工,管道既不能改线,又不能阻断交通时。

(5)现场条件复杂,与地面工程交叉作业相互干扰易发生危险时。

(6)管道覆土较深,开槽土方量大并需要支撑时。

3.5.3 典型案例

典型案例:穿越既有轨道交通线路顶管施工

长江新城新区大道工程位于武汉市,解放大道—游湖三路综合管廊上跨穿越轨道交通21号线盾构区间,长约656 m,其中明挖段约456 m,顶管区间(含工作井)全长约200 m。明挖管廊标准断面为现浇单层双舱箱涵形式,采用顶管法施工。总体施工方案按如下步骤:

(1)进场后首先进行管线改迁、场地平整等工作,确认无误后方可进行施工放样。

(2)施工前先填筑围堰,采用高压旋喷桩对基坑周边土体进行加固,基坑采用分层分区开挖控制措施,基坑外围采用三轴搅拌桩施作止水帷幕。

(3)工作井开挖完成后,浇筑主体结构,待达到设计强度后方可进行顶进作业。

(4)施工后背墙,通过螺栓与后背墙连接,为顶管顶进提供反力面。

(5)顶进前进行轨道交通线路周边土体注浆加固,以减小对既有轨道线的影响。

(6)井下安装顶进设备,用螺栓和法兰固定刀盘在驱动主轴上进行顶管机的调试。

(7)顶管机头在井内管床就位,调试完毕后准备进洞,顶管出洞前做好出洞止水,顶进完成后施作后续附属工程。

顶管始发井位于湖塘内,施工前需填筑围堰,采用临时黏土围堰。待水抽干后,进行湖塘底部清淤处理后,最后回填至始发井顶部标高。基坑开挖完成后进行主体结构施工,工作井及接收井均为矩形断面。模板采用满堂脚手架支撑,泵送浇筑混凝土。

TPD3000 顶管机头质量约50 t,用千斤顶驱动顶管机向洞口移动,直至刀盘接触洞口内墙,顶管机井下安装。管节为C50 预制,混凝土由拖车运至施工工作面,管节长2.5 m,内径3 m,外径3.54 m,每节质量约为19 t,管节吊装采用150 t汽车吊作为主吊,配备一台25 t汽车吊辅助作业。

顶管机头在井内安装就位,调试完毕后,凿除顶管洞圈处钻孔灌注桩,顶管机进入止水环后,开始顶进施工。

复习思考题

1. 简述顶管施工的特点。
2. 简述顶管施工的工作原理。
3. 简述顶管施工的优势。

项目4

隧道支护施工

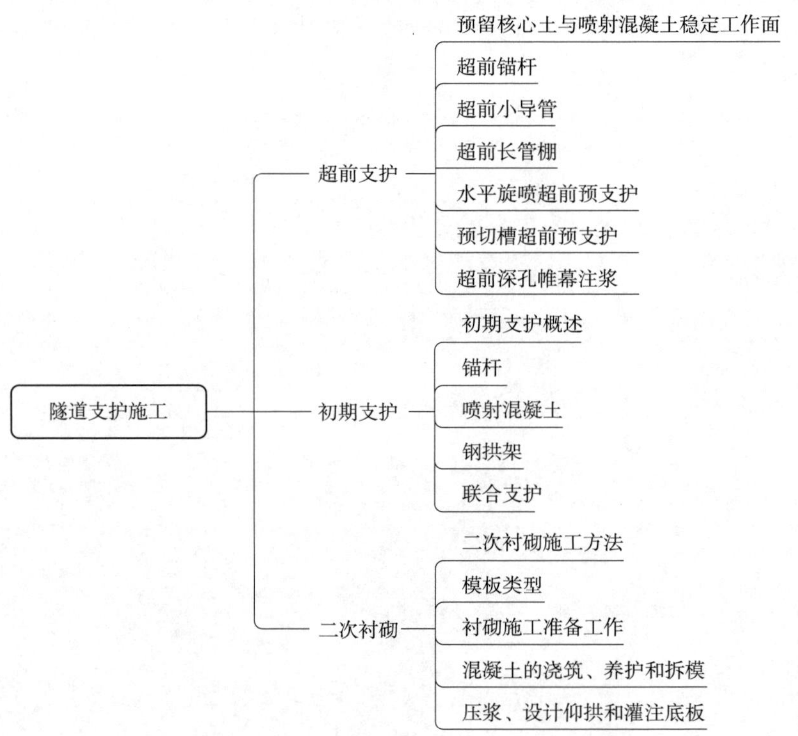

知识目标

1. 了解隧道施工中常用的稳定掌子面前方和洞周围岩的方法；
2. 了解超前锚杆、超前小导管和超前大管棚的构造组成和施工要点；
3. 掌握锚杆的分类及其支护效应；

4. 掌握喷射混凝土的施工要点；

5. 掌握二次衬砌的施工方法和施工流程。

能力目标

1. 能够参与隧道超前支护方案比选；

2. 能够辨别隧道超前支护形式、锚杆形式和模板台车形式。

素质目标

1. 树立爱岗敬业、吃苦耐劳、勇于创新的工作作风；

2. 培养分析问题和解决问题的水平；

3. 培养严谨务实、统筹兼顾的大局观；

4. 培养协同合作的团队精神。

任务4.1　超前支护

在施工方法介绍过程中，假定了开挖面(或称掌子面)和开挖后的坑道能够暂时稳定，但实际工程中这个假定只能是对稳定性较好的围岩才成立，对于软弱破碎围岩则不然。在后面这种情形下，即使是采取缩短开挖进尺，也来不及进行隧道的锚喷支护。因此，对于不稳定的围岩体系，工作面前方围岩的预加固和预支护是控制和减少坑道开挖后周边收敛变形、防止坍塌的关键环节。

相关学习内容

隧道施工中常用稳定掌子面前方和洞周围岩的方法有：预留核心土与喷射混凝土稳定工作面、超前锚杆、超前小导管、超前长管棚、水平旋喷超前预支护、预切槽超前预支护和超前深孔帷幕注浆。

4.1.1　预留核心土与喷射混凝土稳定工作面

预留核心土方法与喷射混凝土稳定工作面法常常配合使用，预留核心土仍不能满足工作面稳定的要求时，可及时喷射混凝土、封闭开挖工作面，喷射混凝土厚度一般为5～10 mm。这样可以大大提高工作面土体的稳定性，将工作面由二维受力状态变成三维受力状态。喷射混凝土稳定工作面施工如图4.1.1所示。

图4.1.1　喷射混凝土稳定工作面施工

4.1.2　超前锚杆

1. 定义及构造

超前锚杆是沿开挖轮廓线，以10°～30°的外插角，向开挖面前方钻孔安装锚杆，形成对前方围岩的预锚固，在提前形成的围岩锚固圈的保护下进行开挖等作业，这是一种先加固、后开挖的逆作业，即安装锚杆先于岩体开挖，故称为超前锚杆，其构造示意如图 4.1.2 所示。超前锚杆施工如图 4.1.3 所示。

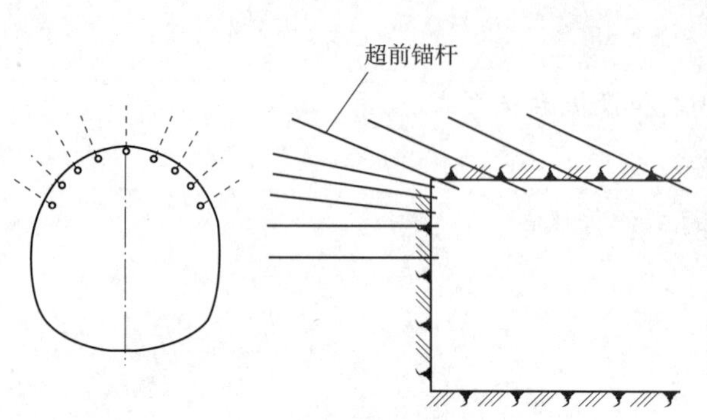

图 4.1.2　超前锚杆构造示意

图 4.1.3　超前锚杆施工

2. 适用条件

锚杆的柔性较大，整体刚度较小，主要适用于地下水较少的破碎、软弱围岩的隧道工程中，如裂隙发育的岩体、断层破碎带、浅埋无显著偏压的隧道。

3. 设计、施工要点

(1)超前锚杆的长度、环向间距、外插角等参数，应视围岩地质条件、施工断面大小、开挖循环进尺和施工条件而定。一般超前长度为循环进尺的 3～5 倍，宜采用 3～5 m 长，环向间距采用 0.3～1.0 m；外插角宜用 10°～30°；搭接长度宜为超前长度的 40%～60%，即大致形成双层或双排锚杆。

(2)超前锚杆宜用早强砂浆全粘结式锚杆。

(3)超前锚杆的安装误差，一般要求孔位偏差不超过 10 cm，外插角不超过 1°～2°，锚入长度不小于设计长度的 96%。

(4)开挖时应注意保留前方有一定长度的锚固区，以使超前锚杆的前端有一个稳定的支点，其尾端应尽可能多地与系统锚杆及钢筋网焊连。

(5)开挖后应及时喷射混凝土，并尽快封闭环形初期支护。

(6)开挖过程中应密切观察锚杆变形及喷射混凝土的开裂、起鼓等情况，以掌握围岩动态，及时调整开挖及支护参数，如遇地下水时，则可钻孔引排。

4.1.3　超前小导管

1. 定义及构造

超前小导管是在开挖前，沿坑道周边向前方围岩内打入带孔小导管，并通过小导管向围岩压注起胶结作用的浆液，待浆液硬化后，坑道周围岩体就形成了有一定厚度的加固圈。在此加固圈的保护下即可安全地进行开挖等作业，超前小导管构造示意如图 4.1.4 所示。

2. 适用条件及性能特点

浆液被压注到岩体裂隙中并硬化后，不仅将破碎岩块胶结为整体，从而起到了加固作用，而且填塞了裂隙，阻隔了地下水向坑道渗流的通道，起到了堵水作用。因此，超前注浆小

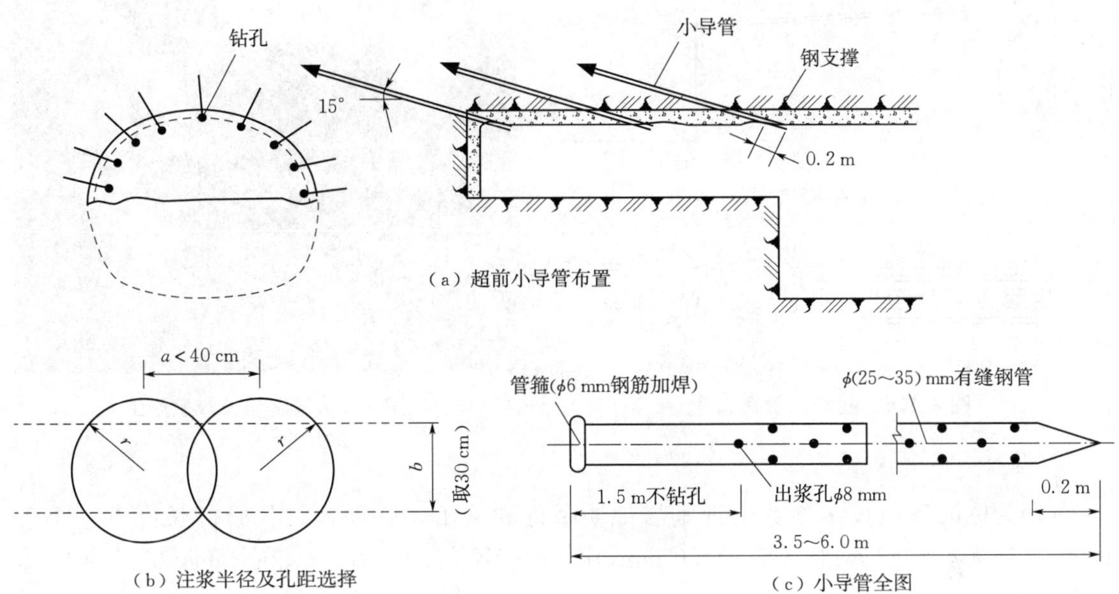

a—管棚环向间距；*r*—注浆扩散半径；*b*—注浆咬合半径。

图 4.1.4　超前小导管构造示意

导管不仅适用于一般软弱破碎围岩，也适用于含水的软弱破碎围岩。

3. 设计、施工要点

(1)小导管钻孔安装前，应对开挖面及 5 m 范围内的坑道喷射 5～10 cm 厚的混凝土。

(2)小导管一般采用 32 mm 的焊接管或 40 mm 的无缝钢管制作，长度宜为 3～6 m，前端做成尖锥形，前段管壁上每隔 10～20 cm 交错钻眼，眼孔直径宜为 6～8 mm。

(3)钻孔直径应较管径大 20 mm 以上，环向间距应按地层条件而定，一般采用 20～50 cm；外插角应控制在 10°～30°，一般采用 15°。

(4)极破碎围岩或处理坍方时可采用双排管；地下水丰富的松软层，可采用双排以上的多排管；大断面或注浆效果差时，可采用双排管。

(5)小导管插入后应外露一定长度，以便连接注浆管，并用塑胶泥将导管周围孔隙封堵密实。

4.1.4　超前长管棚

1. 定义及构造

管棚是利用钢拱架沿开挖轮廓线以较小的外插角、向开挖面前方打入钢管构成的棚架来形成对开挖面前方围岩的预支护，超前长管棚布置如图 4.1.5 所示。

采用长度小于 10 m 的钢管的称为短管棚；采用长度为 10～45 m 且较粗的钢管的称为长管棚。超前长管棚施工是指在隧道洞口的隧道拱顶前沿着隧道轮廓线外钻设水平孔，然后进行注浆，对围岩进行固结，形成棚架保护环，以确保隧道施工开挖安全顺利进行的施工方法，超前长管棚施工如图 4.1.6 所示。

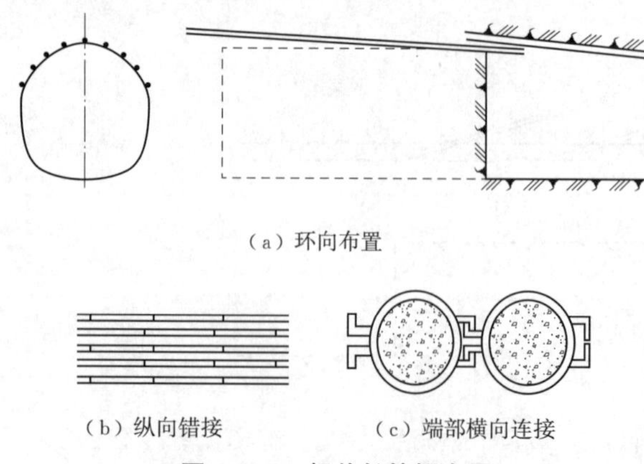

图 4.1.5 超前长管棚布置

图 4.1.6 超前长管棚施工

2. 设计、施工要点

(1)管棚的各项技术参数要视围岩地质条件和施工条件而定。长管棚长度不宜小于 10 m,一般为 10～45 m;管径 70～180 mm,孔径比管径大 20～30 mm,环向间距 0.2～0.8 m,外插角 1°～2°。

(2)两组管棚间的纵向搭接长度不小于 1.5 m;钢拱架常采用工字钢拱架或格栅钢架。

(3)钢拱架应安装稳固,其垂直度允许误差为±2°,中线及高程允许误差为±5 cm。

(4)钻孔平面误差不大于 15 cm,角度误差不大于 0.5°,钢管不得侵入开挖轮廓线。

(5)第一节钢管前端要加工成尖锥状,以利导向插入。要打一眼,装一管,由上而下顺序进行。

(6)长钢管应用 4～6 m 的管节逐段接长,打入一节,再连接后一节,连接头应采用厚壁管箍,上满丝扣,丝扣长度不应小于 15 cm;为保证受力的均匀性,钢管接头应纵向错开。

(7)当需增加管棚刚度时,可在安装好的钢管内注入水泥砂浆,一般在第一节管的前段管壁交错钻若干 10～15 mm 的孔,以利排气和出浆,或在管内安装出气导管,浆液注满后方可停止压注。

(8)钻孔时如出现卡钻或坍孔,应注浆后再钻,有些土质地层则可直接将钢管顶入。

4.1.5 水平旋喷超前预支护

水平旋喷注浆法是在一般的初期导管注浆的基础上发展起来的,以高压旋喷的方式压注水泥浆,从而在隧道开挖轮廓外形成拱形预衬砌的超前预支护工法。水平旋喷注浆技术在我国已初步获得应用,其施工方法为:首先使用旋喷注浆机,沿着隧道掌子面周边的设计位置旋喷注浆形成旋喷柱体,通过固结体的相互咬合形成预支护拱棚。一般每根旋喷体,首先通过水平钻机成孔,钻到设计位置以后,随着钻杆的退出,用水泥浆或水泥双浆液旋喷注入钻成的孔腔,通过高压射流切割腔壁土体,被切割下的土体与浆液搅拌混合,固结形成直径 600 mm 左右的固结体,同时周围地层受到压缩和固结,其土体的物理力学性能得到一定程度的改善。旋喷柱体沿隧道拱部形成环向咬合、纵向搭接的预支护拱棚,在松散不稳定地层隧道中,可有效控制坍塌和地层变形。

水平旋喷注浆法主要适用于黏性土、砂类土、淤泥等地层。水平旋喷工法如图 4.1.7 所示，水平旋喷钻机施工如图 4.1.8 所示。

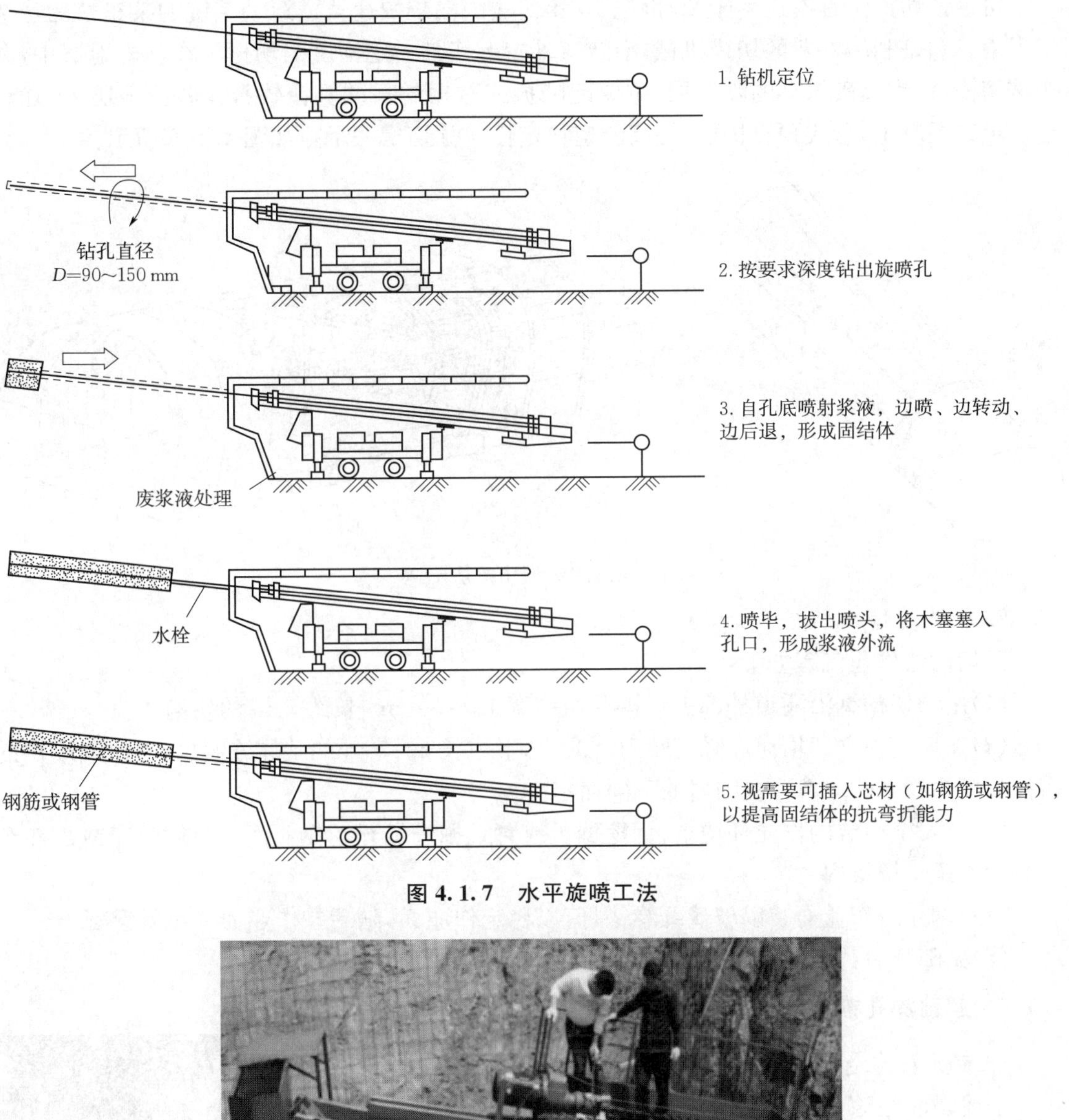

1. 钻机定位

钻孔直径
D=90～150 mm

2. 按要求深度钻出旋喷孔

3. 自孔底喷射浆液，边喷、边转动、边后退，形成固结体

废浆液处理

水栓

4. 喷毕，拔出喷头，将木塞塞入孔口，形成浆液外流

钢筋或钢管

5. 视需要可插入芯材（如钢筋或钢管），以提高固结体的抗弯折能力

图 4.1.7　水平旋喷工法

图 4.1.8　水平旋喷钻机施工

4.1.6 预切槽超前预支护

1. 定义及构造

机械预切槽法首次运用于20世纪70年代法国巴黎快速轨道运动系统的某车站的建造工程中。它是利用专业的切槽机械，沿隧道外轮廓切割一定深度的切槽。在硬岩地层中，利用该切槽，作为爆破振动的隔振层，主要起隔振或减振的目的。在软石或砂质地层中，在切槽内填筑混凝土，形成预支护拱，提高隧道稳定性。预切槽法示意如图4.1.9所示。

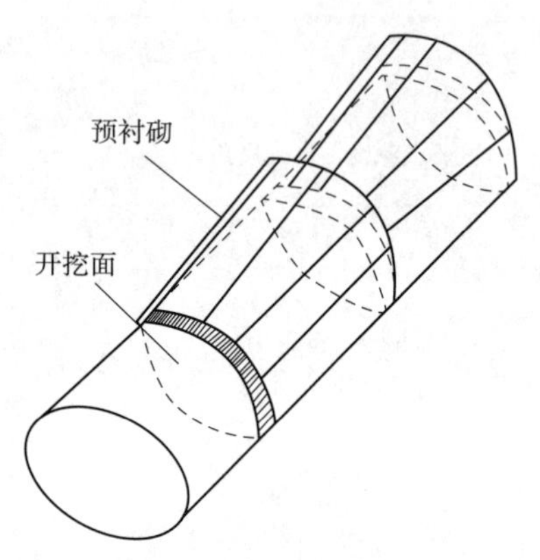

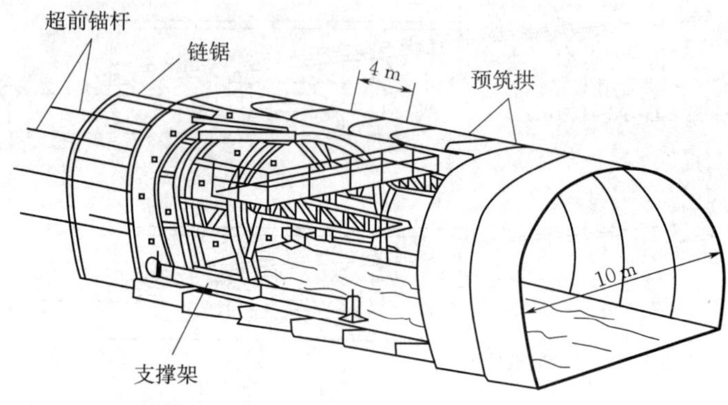

图4.1.9 预切槽法示意

2. 工艺流程

预切槽法作业流程如下：

(1)用预切槽锯沿隧道外廓弧形拱深切一宽15～30 cm、长约5 m的切槽。

(2)在切槽内立即填充高强度喷射混凝土，形成长3～5 m的整体连续拱，两次连续拱的搭接长度为0.5～2.0 m，视围岩的不同而定。

(3)在安全稳定的作业环境下，用挖掘机或臂式掘进机开挖作业面。自卸汽车或翻斗车可穿行于预切槽机内。

(4)必要时，作业面装以玻璃纤维锚杆，以稳定作业面，随后在作业面上喷射混凝土。

(5)紧随其后，安装隧道防水层，进行二次衬砌。

4.1.7 超前深孔帷幕注浆

1. 定义及构造

上述超前注浆小导管，对围岩加固的范围和止水的效果是有限的，作为软弱破碎围岩隧道施工的一项主要辅助措施，占用时间和循环次数较多。因此，在不便采取其他施工方法(如盾构法)时，深孔预注浆止水并加固围岩就较好地解决了这些问题。注浆后即可形成较大范围的筒状封闭加固区，称为帷幕注浆，帷幕注浆现场施工如图4.1.10所示。

图4.1.10 帷幕注浆现场施工

2. 注浆分类

超前深孔帷幕注浆包括三大类，有洞内超前注浆、地表超前注浆和平导超前注浆，其结构示意如图 4.1.11 所示。

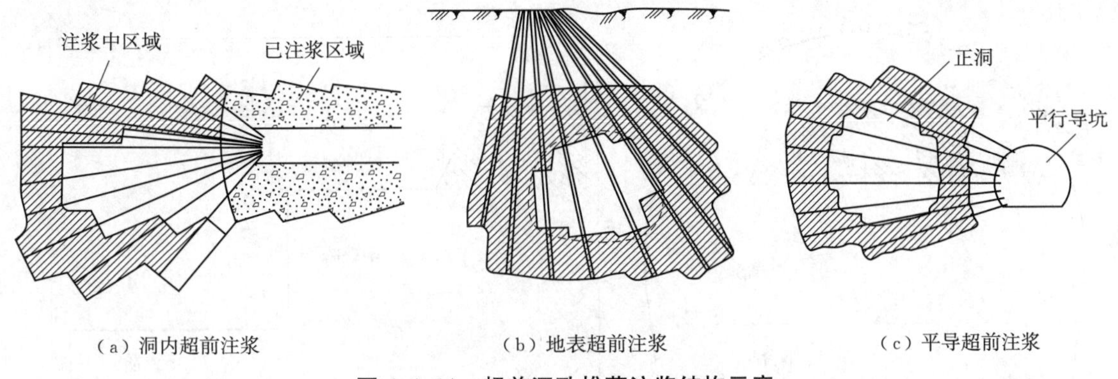

（a）洞内超前注浆　（b）地表超前注浆　（c）平导超前注浆

图 4.1.11 超前深孔帷幕注浆结构示意

3. 施工要点

(1)注浆管和孔口套管。深孔注浆一次式注浆时，孔内可自主选择是否使用注浆管；分段式注浆时需用注浆管。注浆管一般采用带孔眼的钢管或塑料管。止浆塞常用的有两种：一种是橡胶式，一种是套管式。安装时，将止浆塞固定在注浆管上的设计位置，一起放入钻孔，然后用压缩空气或注浆压力使其膨胀，而堵塞注浆管与钻孔之间的间隙，此法主要用于深孔注浆。

(2)钻孔。钻孔可用冲击式钻机或旋转式钻机，应根据地层条件及成孔效果选择。

(3)注浆顺序。应先上方、后下方，或先内圈、后外圈，先无水孔、后有水孔，先上游(地下水)、后下游顺序进行，应利用止浆阀保持孔内压力直至浆液完全凝固。

(4)结束条件。注浆结束条件应根据注浆压力和单孔注浆量两个指标来判断确定。单孔结束条件为：注浆压力达到设计终压；浆液注入量已达到计算值的 80%以上。全段结束条件为：所有注浆孔均已符合单孔结束条件，无漏注。注浆结束后必须对注浆效果进行检查，如未达到设计要求，应进行补孔注浆。

4.1.8 典型案例

典型案例 1：南王隧道预留核心土超前支护

蒙西—华中地区铁路南王隧道位于河南省三门峡陕县地段黄土山区，最大埋深 90 m，全长 1 117 m。该隧道通过应用三台阶预留核心土法施工技术，在确保安全的情况下使施工过程有序可控，实现了黄土隧道快速开挖掘进及初期支护封闭成环的施工目标。

该隧道按照“两紧跟”的原则施工，上台阶开挖预留核心土。预留核心土施工正面和剖面分别如图 4.1.12 和图 4.1.13 所示。上台阶预留核心土使掌子面更加稳定，初期支护钢架紧贴掌子面，能够有效稳定掌子面围岩，仰拱紧跟是确保初期支护安全的根本措施，快速形成完整的初期受力体系，降低了掌子面围岩坍塌的风险。施工中把超前地质预报和监控量测纳入工序管理，严格控制开挖进尺，做到"初期支护紧跟掌子面，仰拱紧跟下台阶"，使初期支护快速成环，最大限度地保证了现场的施工安全，提高了施工质量。

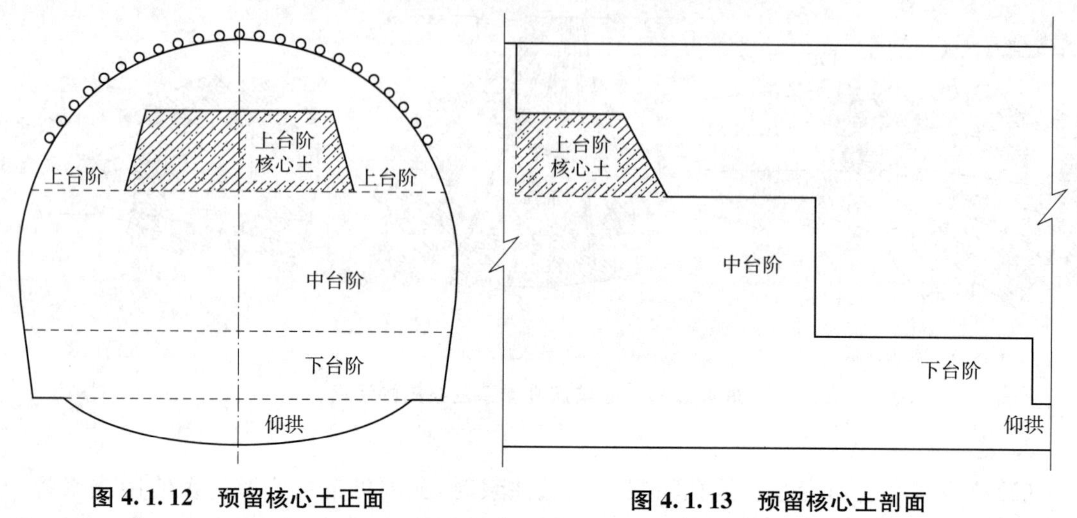

图 4.1.12 预留核心土正面　　**图 4.1.13 预留核心土剖面**

典型案例 2：狮子岗隧道锚杆超前支护

江西省景文高速狮子岗隧道处于低山丘陵区，地形坡度 30°～45°，沟谷较发育，山体完整性一般，植被较发育。针对洞身段有一条断层破碎带的地质条件，制定了超前支护的施工技术方案。超前支护即在围岩极为破碎的隧洞开挖地段，针对洞身顶部或易发生卸荷变形的部位，在未开挖时，先在孔内插入锚杆、钢管、钢梁等支撑物，以前方未开挖的围岩为一个支点，以支立好的钢支撑或专门的托架作为另一个支点，用两端的两个支点和支撑杆件形成的简支梁来承受拱顶围岩压力，从而减少围岩的卸荷变形以预防塌方。隧道洞身为Ⅳ级围岩时，采用超前锚杆进行预支护和预加固。首先钻孔，然后安装锚杆，超前锚杆在隧道拱顶 122°范围内设置，超前锚杆采用 ϕ22 mm 砂浆锚杆，锚杆 4.50 m，环向间距 0.4 m，每环 43 根砂浆锚杆，砂浆锚杆的搭接长度大于 1 m。超前锚杆横、纵断面布置分别如图 4.1.14 和图 4.1.15 所示。

典型案例 3：卡杨公路隧道小导管超前支护

雅砻江卡拉、杨房沟水电站交通专用公路起于锦屏一级水电站，沿雅砻江左岸逆江而上展线爬升，终点位于杨房沟水电站上游约 1.2 km 处的金波石料场附近，线路起点高程 1 904.45 m，终点高程 2 124.45 m，最大纵坡 8%，全长 92.3 km。施工过程中，对卡杨公路隧道采用超前小导管进行超前支护。超前小导管施工流程如图 4.1.16 所示。首先喷射 5 cm 厚混凝土封闭掌子面，然后进行下一循环的超前加固施工，即小导管注浆施工。

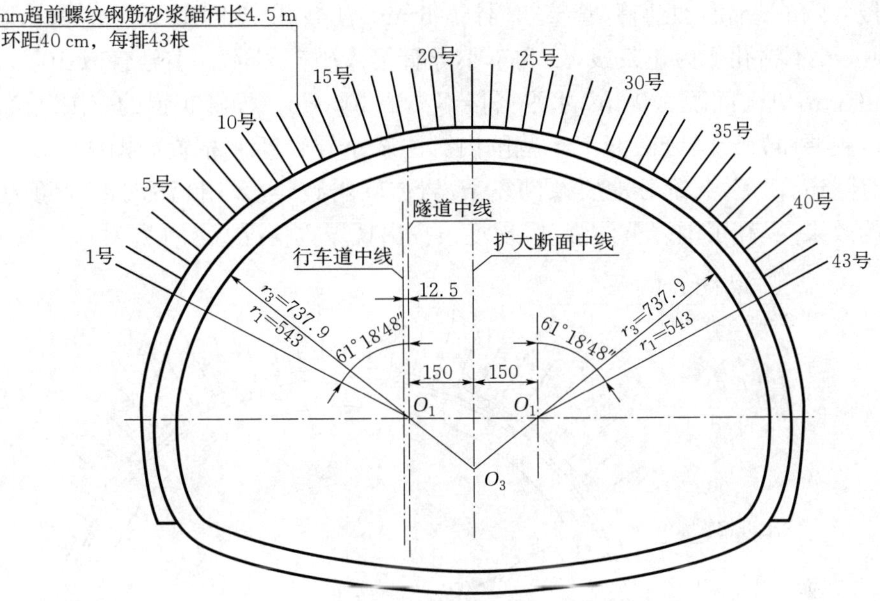

图 4.1.14 超前锚杆横断面布置(单位:cm)

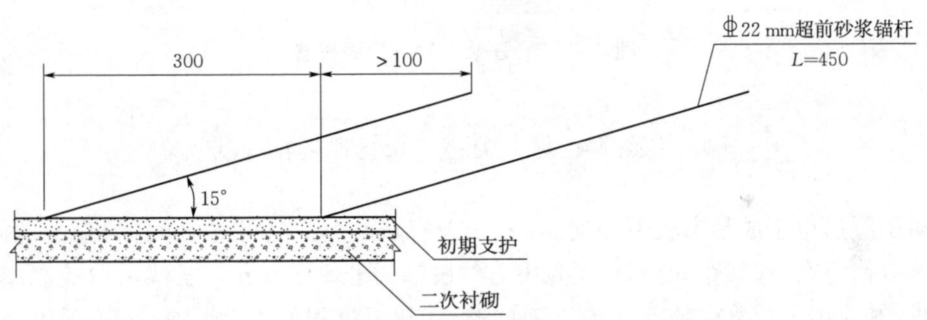

图 4.1.15 超前锚杆纵断面布置(单位:cm)

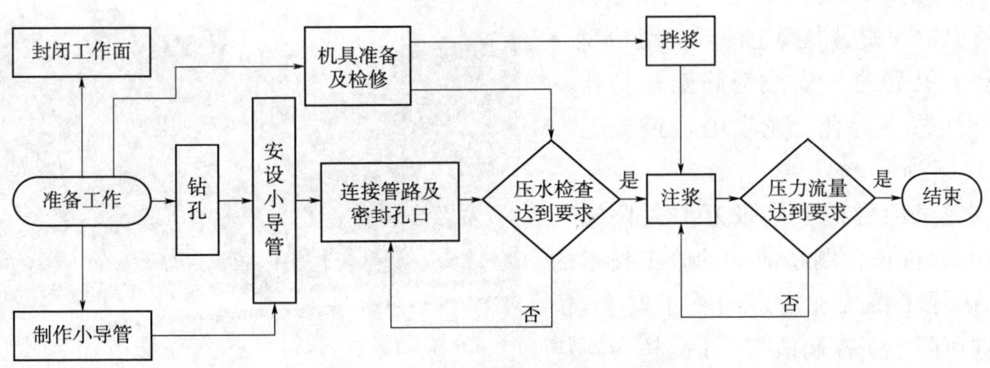

图 4.1.16 超前小导管施工流程

小导管加工是把 $L=4.5$ m、壁厚 4 mm 的 $\phi 42$ mm 热轧无缝钢管一端加工成尖锥形，尾部焊接 $\phi 6$ mm 钢筋加劲箍，管壁四周钻 $\phi 6$ mm 压浆孔，孔间距 15 cm，梅花形布置，尾部预留 150 cm 不钻孔作为止浆段，以利于小导管推入破碎岩体。小导管以 10°～20°插入，环向间距 40 cm，纵向间距 300 cm，水平搭接不小于 100 cm。导管布置的范围结合现场条件调整、设置，主要布置于隧道拱部 120°范围内。注浆小导管断面布置如图 4.1.17 所示。卡杨公路共有隧道 21 座，大部分地质条件复杂，岩体软弱破碎，采用超前小导管预注浆后，取得了较好的效果，提高了围岩整体强度，现场很少出现塌方情况。

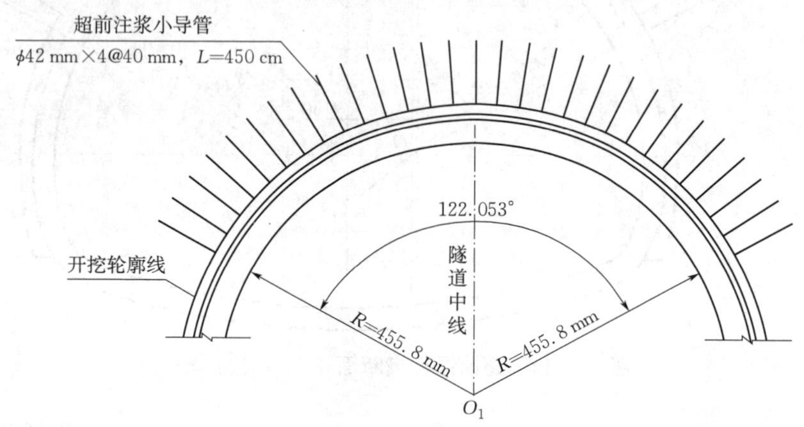

图 4.1.17　注浆小导管断面布置

典型案例 4：龙泉山隧道长管棚超前支护

龙泉山隧道位于成都市轨道交通 18 号线天府新站—三岔湖站区间，为穿山越岭隧道，采用双洞分修方案(线间距 30 m)，龙泉山右线隧道总长 9 695 m。全线采取控制爆破措施进行开挖，并应用了长管棚超前支护施工技术，其施工流程如下：洞内扩挖段开挖→导向墙测量放线→脚手架搭设(或工作平台开挖)→架设钢架、安装导向管→测量复核→导向管保护→喷射混凝土使导向墙成型→长管棚钻孔跟进→安放钢筋笼→验孔→顶管→注浆→封孔。龙泉山隧道施工如图 4.1.18 所示。

图 4.1.18　龙泉山隧道施工

在龙泉山隧道下穿张万沟大桥施工过程中，通过长管棚超前支护施工技术的应用，确保了桥梁和隧道的施工安全，桥台竖向沉降小于控制值 15 mm，桥台不均匀沉降小于控制值 5 mm。横桥向同一盖梁两个墩柱的不均匀沉降位移差小于控制值 5 mm,纵桥向相邻桥墩不均匀沉降位移差小于控制值 15 mm。同一盖梁竖向不均匀沉降小于控制值 3.5 mm,隧道拱顶范围内同一盖梁的竖向不均匀沉降小于控制值 3 mm;地表爆破振动速度小于 5 cm/s;隧道内拱顶沉降及水平收敛速率均符合要求,充分发挥了长管棚超前支护技术的优势。

典型案例 5:银山二号隧道水平旋喷注浆超前支护

蒙西—华中铁路银山二号隧道为单洞双线隧道,位于陕西省延安市安塞区境内,隧道全长 1 698.3 m。穿越地层为砂质新黄土、粉砂、细砂及黏质老黄土、砂岩。对该隧道采用水平旋喷注浆超前预支护,水平旋喷桩布置按照隧道断面砂层范围采用咬合桩设置,施工过程中旋喷桩设置范围可结合砂层分布情况及时进行调整。单循环桩长 18 m,桩径 600 mm,桩间距 400 mm,外插角 3°～5°,每循环搭接 3 m,成桩后达到的抗压强度为 5.0～8.0 MPa。中台阶设置旋喷锁脚桩,采用 ϕ600 mm 旋喷桩加固地层后,插入 2 根 ϕ42 mm 锁脚锚管,角度斜向下 45°,长 6 m,纵向间距 60 cm,水平旋喷桩布置如图 4.1.19 所示。

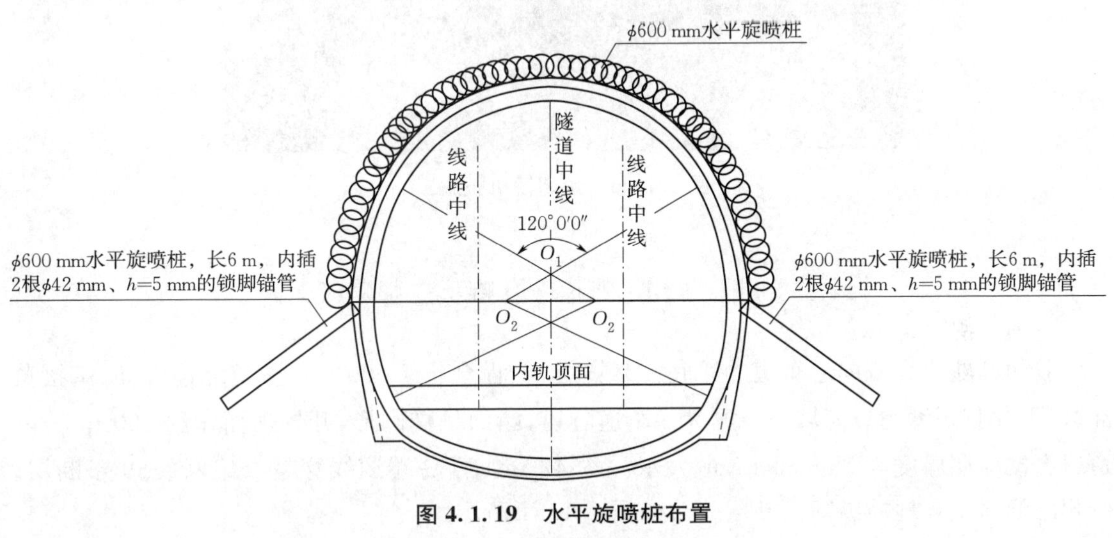

图 4.1.19 水平旋喷桩布置

注:h—锚管高度。

施工完成后,水平旋喷桩的咬合程度达到了预期效果,桩体沿开挖轮廓线布置均匀,现场检查桩的直径达到了 65～75 cm,咬合宽度 20～35 cm,检测桩体无侧限抗压强度达到了 121 MPa,拱顶沉降得到有效控制。

典型案例 6:郝窑科隧道机械预切槽超前支护

蒙华铁路郝窑科隧道位于陕西省宜川县境内,属于黄土高原残塬区,隧道全长 992 m,为单洞双线隧道。隧道纵坡为单面坡,坡度为 5‰,隧道最大埋深 138 m。其中Ⅳ级围岩段落长 681 m,采用预切槽法施工。

该隧道利用拱架式预切槽机上安装的特制链式机械切刀，沿隧道断面开挖轮廓周边连续切割出一条具有一定厚度和深度的窄槽，同时分区段利用混凝土喷射装置向槽内喷灌混凝土，从而在隧道开挖面外廓形成一个起预先支护作用的连续混凝土壳体。当混凝土拱壳达到一定强度后，即可在该壳体的保护下进行全断面开挖，渣土装运，初期支护钢架、喷射混凝土支护及后续仰拱初期支护施工、防水衬砌等施工作业，隧道施工设备可穿行于预切槽机。预切槽机械施工如图 4.1.20 所示。

图 4.1.20　预切槽机械施工

典型案例 7：胶州湾隧道深孔帷幕注浆超前支护

胶州湾隧道为双向 6 车道的海底公路隧道，工程全长 7 800 m。隧道北连青岛、南接黄岛区，下穿胶州湾湾口海域。单洞为 3 车道隧道，断面呈椭圆形，开挖断面积约 160 m²。隧道岩石覆盖层厚度为 25～35 m，最大水深约 42 m。青岛端洞线穿越 2 组断裂、9 条断层。胶州湾隧道工程地质纵断面断层分布如图 4.1.21 所示。

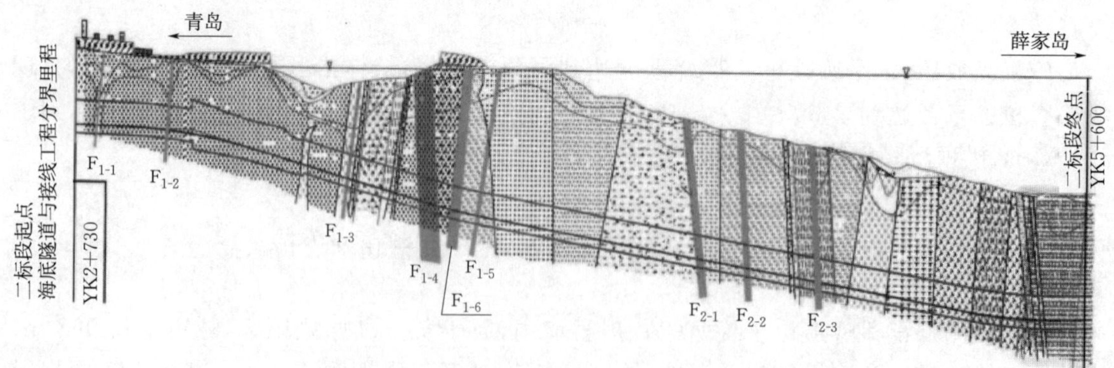

图 4.1.21　胶州湾隧道工程地质纵断面断层分布

该隧道采用超前深孔帷幕注浆来进行预支护，以全断面超前帷幕注浆、周边超前帷幕注浆为主，辅以局部超前帷幕注浆。为满足注浆效果要求，全断面超前帷幕注浆孔数约 105 个；周边超前帷幕注浆孔约 86 个；局部超前帷幕注浆孔为 20～40 个。注浆钻孔布置如图 4.1.22 所示。

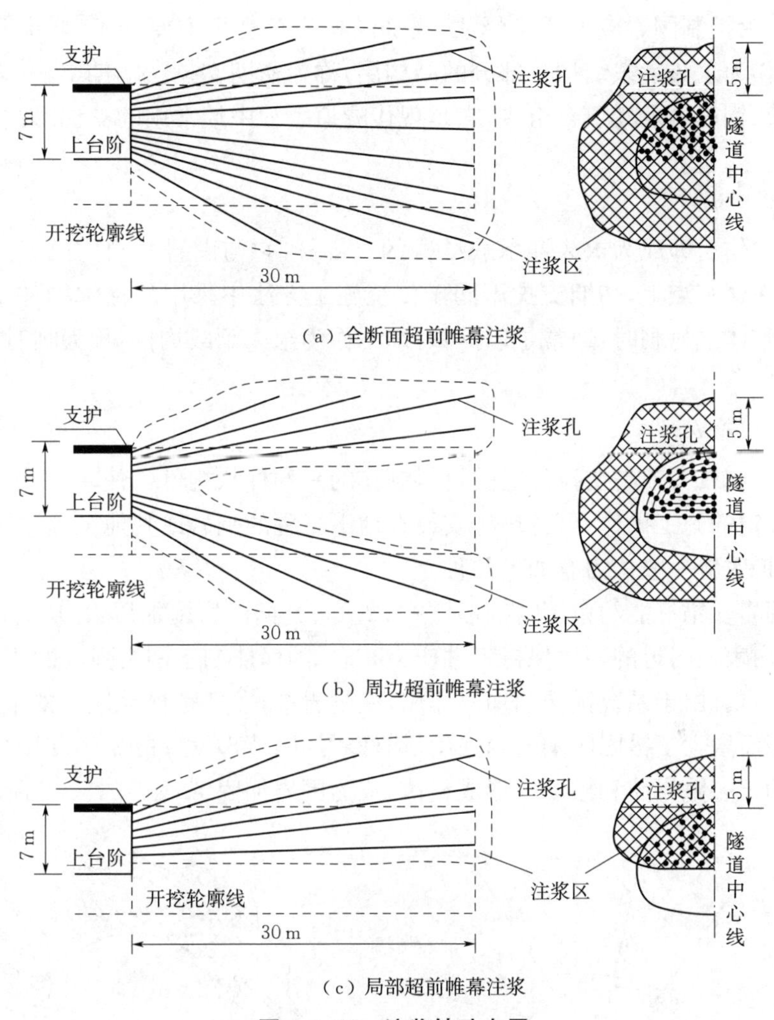

（a）全断面超前帷幕注浆

（b）周边超前帷幕注浆

（c）局部超前帷幕注浆

图 4.1.22 注浆钻孔布置

复习思考题

1. 简述隧道施工中超前小导管的施工流程。
2. 简述超前锚杆的施工要点。
3. 隧道超前支护常用哪几种形式？
4. 简述超前锚杆的施工步骤。
5. 超前小导管的构造组成包括哪几部分？

任务4.2 初期支护

隧道是围岩与支护结构的综合体。隧道开挖破坏了地层的初始应力平衡，产生围岩应力和洞室变形，为控制围岩应力适量释放，增加结构安全度且方便施工，隧道开挖后立即施作刚度较小并作为永久承载结构一部分的结构层，称为初期支护。初期支护一般由锚杆、喷射混凝土、钢架、钢筋网及其组合组成，它是现代隧道工程中最常用的支护形式和方法。

相关学习内容

初期支护施作后即成为永久性承载结构的一部分，它与围岩共同构成了永久的隧道结构承载体系。在这一点上，初期支护不同于传统施工方法中采用的钢木构件支撑。钢木构件支撑在模筑整体式衬砌时，通常予以拆除，即不作为永久承载构件，称为临时支撑。

4.2.1 锚杆

1. 锚杆的支护效应

锚杆是用金属或其他高抗拉性能的材料制作的一种杆状构件。使用某些机械装置和粘结介质，通过一定的施工操作，可将锚杆安设在地下工程的围岩或其他工程结构体中。

锚杆的支护效应一般认为有如下几种：

(1)支撑围岩。锚杆能约束围岩变形(图4.2.1)，并向围岩施加压力，从而使处于二轴应力状态的洞室内表面附近的围岩保持三轴应力状态，因而能制止围岩强度的恶化。

(2)加固围岩。由于系统锚杆的加固作用，使围岩中，尤其是松动区中的节理裂隙、破裂面得以连接，因而增大了锚固区围岩的强度；锚杆对加固节理发育的岩体和围岩松动区是十分有效的，有助于裂隙岩体和松动区形成整体，成为围岩加固带，如图4.2.2所示。

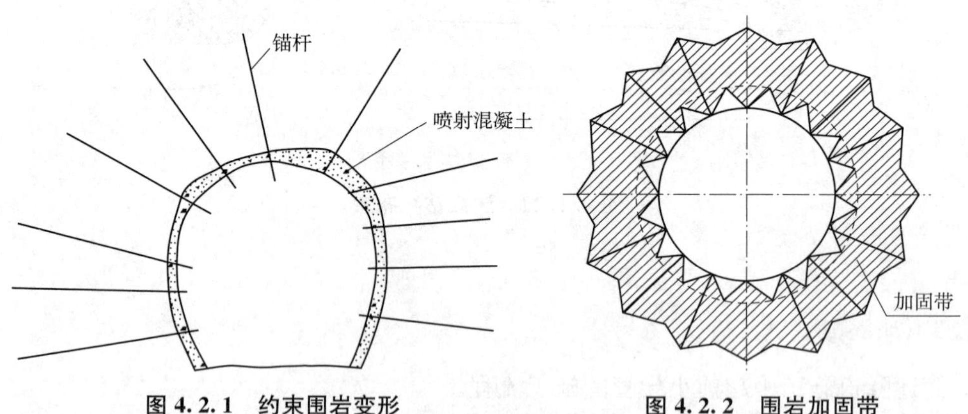

图4.2.1 约束围岩变形　　图4.2.2 围岩加固带

(3)提高层间摩阻力，形成组合梁。对于水平或缓倾斜的层状围岩，用锚杆群能把数层岩层连在一起，增大层间摩阻力，从结构力学观点来看就是形成组合梁，锚杆作用原理如图4.2.3所示。

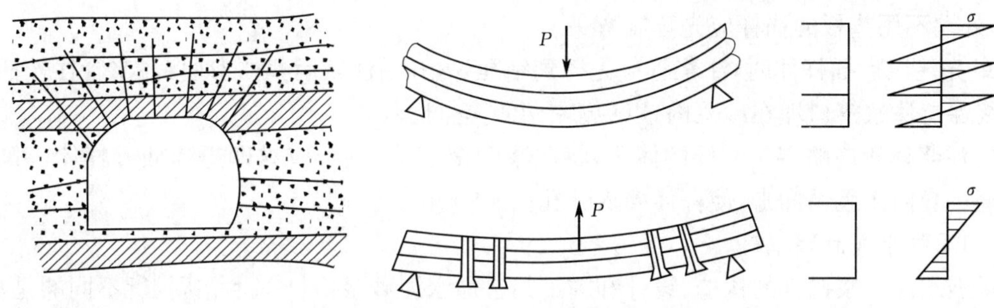

图 4.2.3　锚杆作用原理

(4)悬吊作用。悬吊作用是指为防止个别危岩的掉落或滑落,用锚杆将其与稳定围岩联结起来,这种作用主要表现在加固局部失稳的岩体。锚杆的悬吊作用如图 4.2.4 所示。

2. 锚杆的种类

锚杆的种类很多,大致包括以下几类:全长粘结式锚杆、端头锚固式锚杆、摩擦式锚杆和预应力锚杆。

1)全长粘结式锚杆

(1)普通水泥砂浆锚杆

①构造组成

普通水泥砂浆锚杆是以普通水泥砂浆作为粘结剂的全长粘结式锚杆,其构造如图 4.2.5 所示。

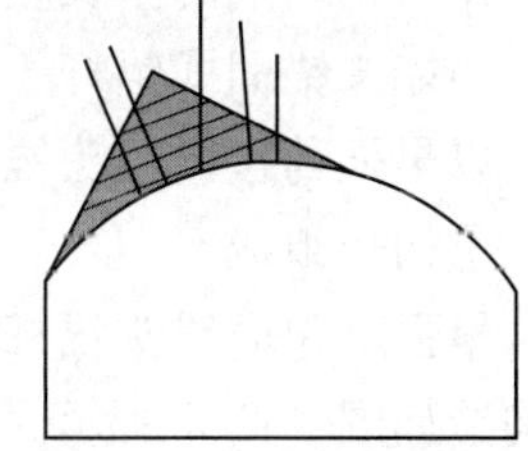

图 4.2.4　锚杆的悬吊作用

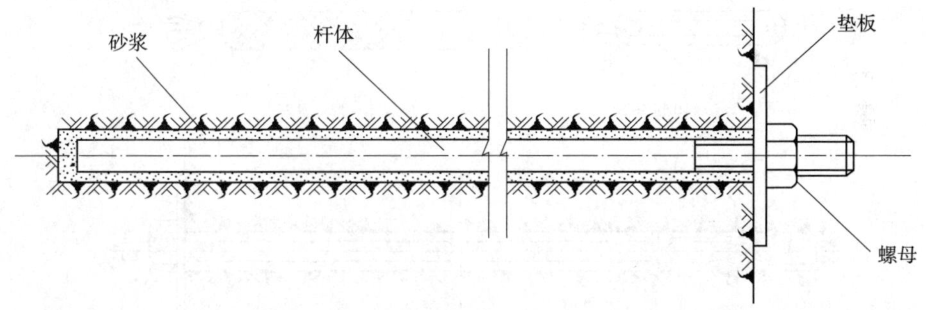

图 4.2.5　普通水泥砂浆锚杆构造

②设计、施工要点

a. 杆体材料宜用 20MnSi 钢筋,直径 14～22 mm,长度 2～3.5 m,为增加锚固力,杆体内端可劈口叉开。

b. 水泥一般选用普通硅酸盐水泥,砂子粒径不大于 3 mm,并过筛。

c. 钻孔应符合下列要求:孔径应与杆径配合好。一般孔径比杆径大 15 mm,这主要考虑注浆管和排气管的占用空间。孔位允许偏差为±(15～50)mm;孔深允许偏差为±50 mm。钻孔方向宜适当调整,以尽量与岩层主要结构面垂直。孔钻好后用高压水将孔眼冲洗干净,并用塞子塞紧孔口,防止石渣掉入。

d. 锚杆及粘结剂材料应符合设计要求，锚杆应按设计要求的尺寸截取，并整直、除锈和除油，外端不用垫板的锚杆应先弯制弯头。

e. 先注浆后插杆体时，注浆管应先插到钻孔底，开始注浆后，均匀地将注浆管往外抽出，并始终保持注浆管口埋在砂浆内，以免浆中出现空洞。

f. 注浆体积应略多于需要的体积，将注浆管全部抽出后，应立即迅速插入杆体，可用锤击或通过套筒用风钻冲击，使杆体插入钻孔。

(2)早强水泥砂浆锚杆

早强水泥砂浆锚杆的构造、设计和施工与普通水泥砂浆锚杆基本相同，所不同的是早强水泥砂浆锚杆的粘结剂是由硫铝酸盐早强水泥、砂、T1 型早强剂和水组成。因此，它具有早期强度高、承载快、不增加安装难度等优点。弥补了普通水泥砂浆锚杆早强低、承载慢的不足。尤其是在软弱、破碎、自稳时间短的围岩中显示出一定的优越性。另外，以快硬水泥或树脂作为粘结剂的全长粘结式锚杆，也具有以上的优点，但费用较高。

2)端头锚固式锚杆

以早强药包内锚头锚杆为例，介绍如下。

①构造组成

早强药包内锚头锚杆是以快硬水泥卷、早强砂浆卷、树脂作为内锚固剂的内锚头锚杆，其构造如图 4.2.6 所示。不管采用哪种类型的药包，其设计、施工基本一致，下面以快硬水泥卷内锚头锚杆为例说明。

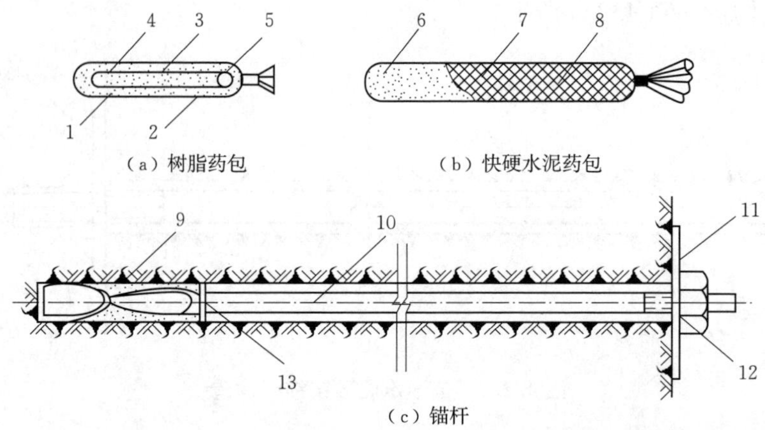

（a）树脂药包　（b）快硬水泥药包

（c）锚杆

1—不饱和聚酯树脂+加速剂+填料；2—纤维纸和塑料袋；3—固化剂+填料；4—玻璃管；5—堵头（树脂胶泥封口）；6—快硬水泥；7—滤纸筒；8—玻璃纤维网；9—树脂锚固剂；10—带麻花头体；11—垫板；12—螺母；13—挡圈。

图 4.2.6 早强药包内锚头锚杆构造

②施工要点

a. 钻眼要求同前，但孔眼应比锚杆长度短 4～5 cm。

b. 用直径为 2～3 mm、长 150 mm 的锥子，在快硬水泥卷端头扎两个排气孔，然后将水泥卷竖立放于清洁水中，保持水面高出水泥卷 100 mm。浸水时间以不冒气泡为准，但不得超过水泥初凝时间，必要时要做浸水后的水灰比检查。

c. 将浸好水的水泥卷用锚杆送至眼底，并轻轻捣实。若中途受阻，应及时处理，若处理时间超过水泥终凝时间，则应换装新水泥卷或钻眼。

d. 将锚杆外端套上连接套筒，装上旋转扳手，带动锚杆旋转，搅拌水泥卷，并用人力推进锚杆至眼底，再保持 10 s 的搅拌时间(总时间 30～40 s)。

e. 轻轻卸下旋转扳手，用木楔楔住杆体，使其位于钻眼中心。自浸水后 20 min，快硬水泥有足够强度时，才能使用扳手卸下连接套筒。

3)摩擦式锚杆

(1)缝管式摩擦锚杆

①构造组成

缝管式摩擦锚杆由前端冠部制成锥体的开缝管杆体、挡环以及垫板组成，如图 4.2.7 所示。

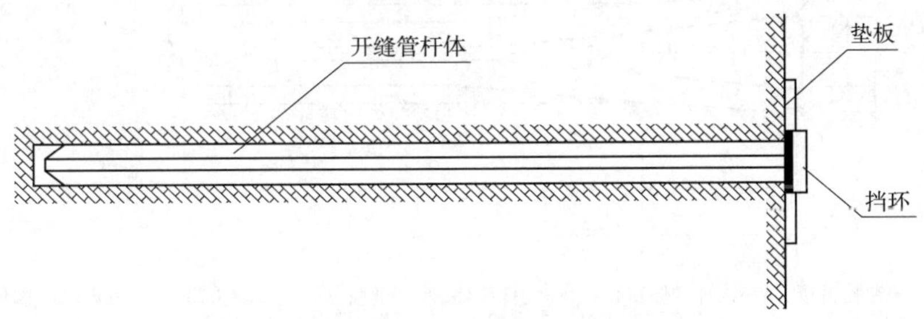

图 4.2.7　缝管式摩擦锚杆

②施工要点

a. 缝管式摩擦锚杆的锚固力与锚杆的材质、构造尺寸、围岩条件、钻孔与锚管直径之差、锚固长度等有直接关系，其中，钻孔与缝管直径之差是设计与施工要严格控制的主要因素。锚固力与孔、管径差的关系是：径差小，锚杆安装推进阻力小，锚固力亦小；径差大，锚杆安装推进阻力大，锚固力也大。

b. 可根据使用需要和机具能力，选择不同直径的钻头和管径，通过现场试验确定最佳值。另外施工中还应考虑到因钻头磨损导致孔径缩小等情况。

c. 缝管式摩擦锚杆的杆体一般要求材质有较高的弹性极限。

d. 若作为永久支护，则应作防锈处理，并灌注有膨胀性的砂浆。

(2)楔缝式内锚头锚杆

①构造组成

楔缝式内锚头锚杆由杆体、楔块、垫板和螺母组成，如图 4.2.8 所示。

②施工要点

a. 楔缝式内锚头锚杆的安装是先将楔块插入楔缝，轻敲，使其固定于缝中，然后插入眼底；并以适当的冲击力冲击锚杆尾，至楔块全部楔入楔缝为止。有时为了防止杆尾受冲击发生变形，可以采用套筒保护。

b. 一般均要求锚杆具有一定的预应力，此时可采用测力矩扳手或定力矩扳手来拧紧螺母以控制锚固力。

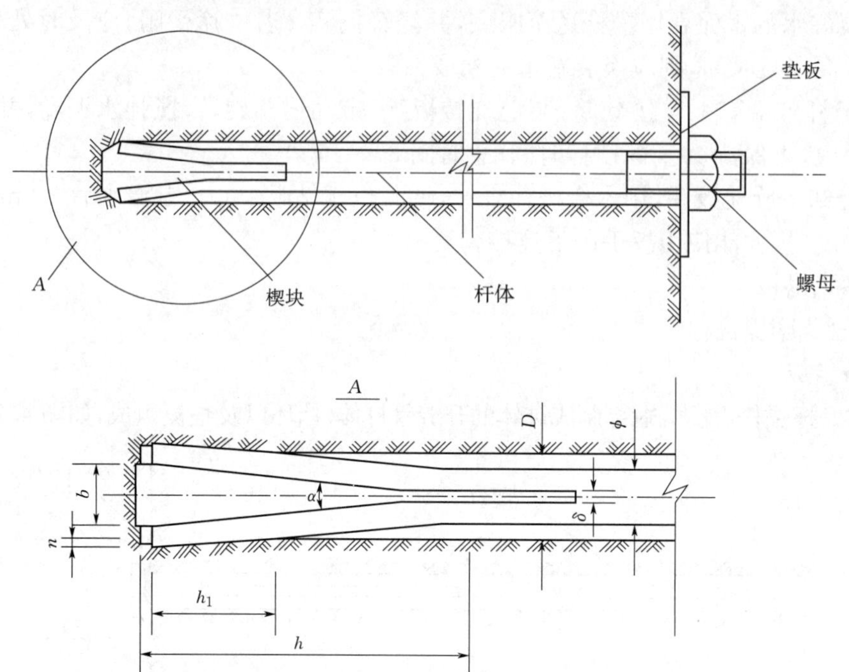

D—钻孔直径；ϕ—锚杆杆体直径；b—锚杆杆体楔缝宽度；δ—楔块端头厚度；α—楔块的楔角；h—楔块长度；h_1—楔头两翼嵌入钻孔壁长度；n—楔缝两翼嵌入钻孔壁深度。

图 4.2.8　楔缝式内锚头锚杆

4)预应力锚杆

以胀壳式内锚头预应力锚杆为例，介绍如下。

①构造组成

胀壳式内锚头预应力锚杆主要由机械胀壳式内锚头、锚索(钢绞线)外锚头以及灌注的粘结材料等组成，其构造如图 4.2.9 所示。

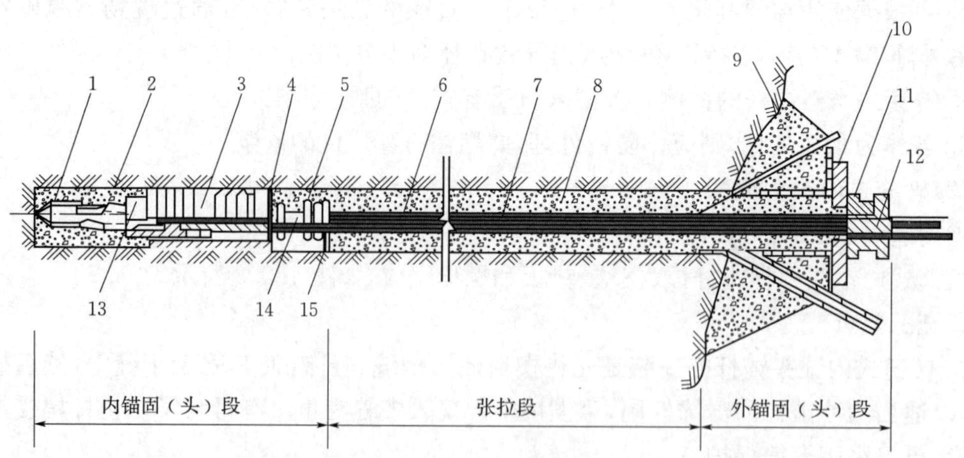

1—导向帽；2—六棱锚塞；3—外夹片；4—挡圈；5—顶簧；6—套管；7—排气管；8—粘结砂浆；9—现浇混凝土支墩；10—垫板；11—锚环；12—锚塞；13—锥筒；14—顶簧套筒；15—托圈。

图 4.2.9　胀壳式内锚头预应力锚杆构造

②施工要点

a. 胀壳式内锚头预应力锚索的加工应符合设计质量要求，在运输、存放及安装过程中不能有损伤、变形。

b. 钻孔一般采用冲击式潜孔钻。钻后应予以清洗，并做好孔口支墩。

c. 锚索安装要平直不紊乱，同时安装排气管。

d. 锚索推送就位后即可进行张拉。一般先用 20%～30%的预应力值预张拉 1～2 次，促使各相连部位接触紧密。最终张拉值应有 5%～10%的超张量，以保证预应力损失后仍能达到设计预应力值要求。

e. 预应力无明显衰减时才最后锁定，且 48 h 内再检查。

f. 注浆应饱满，注浆达到设计强度后，进行外锚头覆盖。

4.2.2　喷射混凝土

喷射混凝土既是一种支护结构，又是一种施工工艺。它是使用混凝土喷射机，按一定的混合程序，将掺有速凝剂的细石混凝土喷射到岩壁表面上，并迅速固结成一层支护结构，从而对围岩起到支护作用。

1. 喷射混凝土的作用

(1)支撑围岩

由于喷层能与围岩密贴和粘贴，并施予围岩表面以抗力和剪力，从而使围岩处于三向受力状态，提高围岩的整体强度。此外，喷层本身的抗冲切能力可阻止不稳定块体的滑塌，支撑作用如图 4.2.10 所示。

(2)卸载作用

由于喷层属柔性，能使围岩在不出现有害变形的前提下，发生一定程度的变形，从而使围岩卸载，同时喷层中的弯曲应力减小，有利于混凝土承载力的发挥，如图 4.2.11 所示。

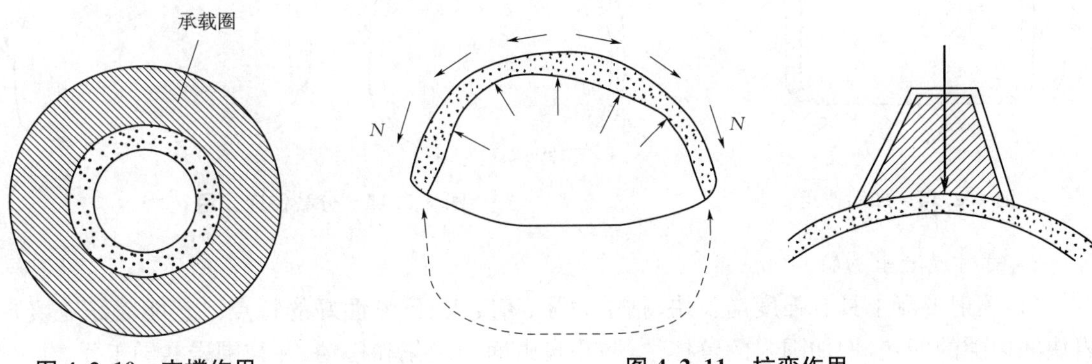

图 4.2.10　支撑作用

图 4.2.11　抗弯作用

(3)填平补强围岩

喷射混凝土可射入围岩张开的裂隙，填充表面凹穴，使裂隙分割的岩层面粘连在一起，保护岩块间的咬合、镶嵌作用，提高其间的粘结力、摩阻力，并避免或缓和围岩应力集中，镶嵌作用如图 4.2.12 所示。

(4)覆盖围岩表面

喷层直接粘贴岩面,形成风化和止水的保护层,并阻止节理裂隙中充填物流失,封闭作用如图 4.2.13 所示。

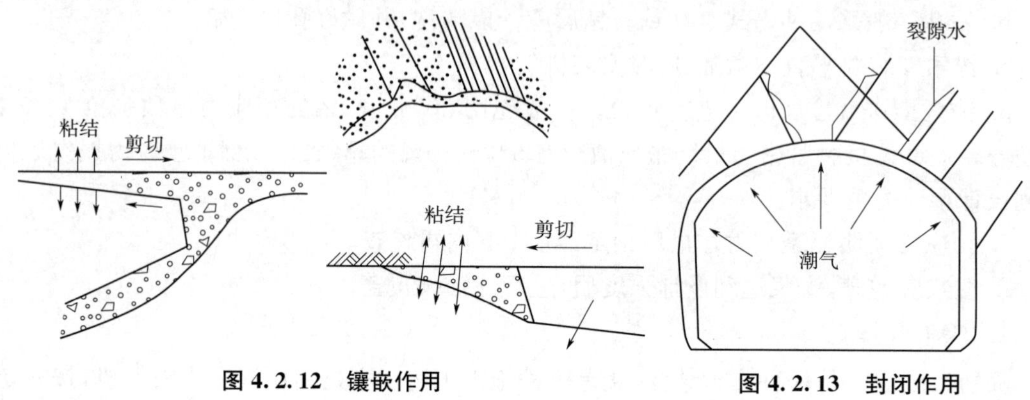

图 4.2.12　镶嵌作用　　**图 4.2.13　封闭作用**

(5)阻止围岩松动

喷层能紧跟掘进进程并及时进行支护,早期强度较高,因而能及时向围岩提供抗力,阻止围岩松动,加固作用如图 4.2.14 所示。

(6)分配外力

通过喷层把外力传给锚杆、钢拱架等,使支护结构受力均匀,分载传递作用如图 4.2.15 所示。

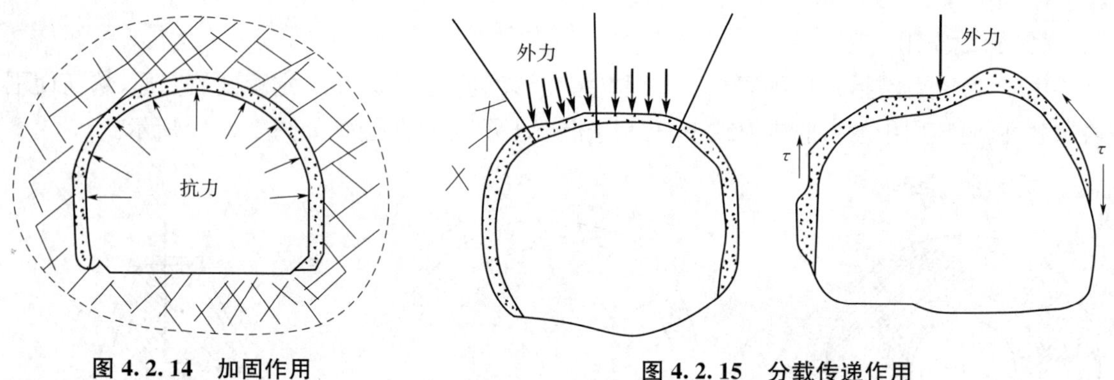

图 4.2.14　加固作用　　**图 4.2.15　分载传递作用**

2. 喷射混凝土的特点

(1)喷射混凝土具有强度增长快、粘结力强、密度大、抗渗性好的特点。它能较好地填充岩块间裂隙的凹穴,增加围岩的整体性,防止自由面的风化和松动,并与围岩共同工作。

(2)与普通模筑混凝土相比,喷射混凝土施工将输送、浇筑、捣固几道工序合而为一,更不需模板,因而施工快速、便捷。

(3)喷射混凝土能及早发挥承载作用。普通型喷射混凝土能在 10 min 左右终凝,一般 2 h 后即具有强度,8 h 后可达 2 MPa,16 h 后达 5 MPa,24 h 后可达 7～8 MPa,4 d 达到 28 d 强度的 70%左右。试验表明,喷射混凝土与模筑混凝土相比,其密实性和稳定性要差一些。

4.2.3 钢拱架

无论是采用喷射混凝土、锚杆，还是在混凝土中加入钢筋网、钢纤维，主要都是利用其柔性和韧性，而对其整体刚度并未过多要求。这对支护不太破碎的围岩，并使其稳定是可行的。但当围岩软弱破碎严重且自稳性差时，开挖后就要求早期支护具有较大的刚度，以阻止围岩的过度变形和承受部分松弛荷载。钢拱架就具有这样的力学性能。

1. 构造组成

钢拱架可以采用型钢、工字钢、钢管或钢筋制成。现场采用以钢筋制作的格栅钢架较多。

2. 性能特点

(1)钢拱架的整体刚度较大，可以提供较大的早期支护刚度；型钢拱架较格栅钢架能更早承载。

(2)钢拱架可以很好地与锚杆、钢筋网、喷射混凝土相结合，构成联合支护，增强支护的有效性，且受力条件较好。

(3)格栅钢架采用钢筋现场加工制作，技术难度和要求并不高，对隧道断面变化适应性好。

(4)钢拱架的安装架设方便。

3. 施工要点

(1)钢拱架应架设在隧道横向竖直平面内，其垂直度允许误差为±2°。

(2)钢拱架的拱脚应稳定，一般设有垫板、纵向托梁、锁脚锚杆等。

(3)钢拱架的安设应在开挖后的 2 h 内完成。

(4)钢拱架应尽可能多地与锚杆露头及钢筋网焊接，以增强其联合支护效应。

(5)可缩性钢拱架的可缩性节点不宜过早喷射混凝土，待其收缩合龙后，再补喷射混凝土。

4.2.4 联合支护

前面分别介绍了锚杆、喷射混凝土、钢拱架等常用支护方法。在隧道工程中，为适应地质条件和结构条件的变化，常将各种单一支护方法进行恰当组合，共同构成较为合理的、有效的和经济的支护结构体系。但不论何种组合形式，将其通称为联合支护。

目前在隧道工程中，作为初期支护，使用最多的组合形式是锚杆加喷射混凝土。因此，初期支护可以称为锚喷支护，它是一种最基本的组合形式。

联合支护的施工不仅应满足各部件安设施工的技术要求，还应注意以下事项：

(1)联合支护宜联不宜散，彼此要直接地牢固相连，以充分发挥联合支护效应。

(2)钢筋网及钢拱架要尽可能多地与锚杆头焊连，锚杆要有适量的露头。

(3)钢筋网及钢拱架要被喷射混凝土所包裹、覆盖，即喷射混凝土要将钢筋网和钢拱架包裹密实。

(4)分次施作的联合支护，应尽快将其相连，如超前锚杆与系统锚杆及钢拱架的联结。

(5)分次施作的联合支护，应在量测指导下进行设计和施作，以做到及时、有效，并作适当调整。

4.2.6 典型案例

典型案例:断层破碎带终南山公路隧道初期支护

秦岭终南山特长公路隧道全长 18.02 km,隧道通过区地处北秦岭褶皱断裂带的中部,该带历经了多期构造运动、变质作用、岩浆活动和混合岩化作用,地质构造和地层岩性复杂。隧道区发育有地区性断层 15 条,其中穿过隧道洞身的断层自北向南有 8 条,另外还有次一级小断层 41 条。断层岩性主要为碎裂混合片麻岩或断层泥砾,岩体呈碎石状压碎结构或角砾状松散结构,自稳性较差,施工不当极易造成较大规模的塌方。

隧洞穿过断层地段,施工难度主要取决于断层的性质、断层破碎带的宽度、填充物、含水性和断层活动性以及隧洞轴线和断层构造线方向的相互关系(正交、斜交或平行)。

终南山隧道实际通过断层带的产状、宽度和隧道轴线的相互关系,大致有以下几种情况,断层带与隧道的相互关系如图 4.2.16 所示。

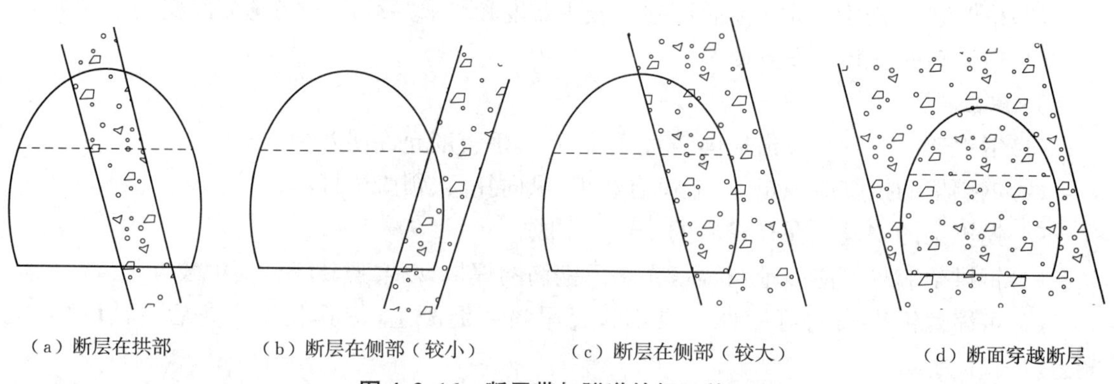

(a) 断层在拱部　(b) 断层在侧部(较小)　(c) 断层在侧部(较大)　(d) 断面穿越断层

图 4.2.16 断层带与隧道的相互关系

断层出现在拱部,如图 4.2.16(a)所示,这种情况对隧道的影响相对较小,施工难度主要取决于拱部断层带的宽度。当宽度只有数米时,仍可采用全断面开挖方法,但进尺应缩短,并采用微振爆破技术,加强拱部的初期支护强度;当拱部断层宽度较大时,为慎重起见,应改为半断面台阶法施工,为便于人工翻渣,台阶长度不宜过长,一般宜≤5 m。

断层出现在侧部,如图 4.2.16(b)所示,这种情况,施工不当极易造成侧壁整体滑塌,应注意辅以钢架支护和喷射混凝土加强,并在侧壁断层范围布设小导管注浆加固断层岩体;当断层延伸至拱部范围或断层带穿过拱圈大部分范围时,如图 4.2.16(c)所示,坍塌的概率增大,应注意调整开挖方法。

当隧道通过较大规模的断层,即断面全部穿越断层的情况在隧道内经常遇到,如图 4.2.16(d)所示,此时应采用半断面+分部开挖法。

断层破碎带施工遵循了"短进尺、弱爆破、强支护、紧封闭、勤量测"的基本原则。施工方法立足于各工序间协调统一,措施得当,并实现快速通过。为减少爆破开挖对围岩的扰动及尽量控制坍塌方量,每次爆破开挖的进尺都控制在 1.0～1.5 m。

(1)开挖方法

虽然采用传统的分部开挖法有较高的安全性,但其施工速度慢且多次爆破开挖对围岩扰动较大,不便发挥凿岩台车等高效率的施工机械的作用,为进一步提高隧道的施工速度,在软弱围岩及断层破碎带施工时,通常也尽可能采用全断面开挖方法施工。在不宜采用全断面开挖的地段,结合实际断层情况,尽量采用半断面微台阶或上、下断面顺序开挖法施工。

(2)支护方法

加强支护及提高围岩整体稳定是隧道通过断层破碎带最基本的施工要求,支护方法主要包括:加厚混凝土喷层厚度、加密加长锚杆、加强钢筋网、加密钢架间距、提高钢架强度和刚度等。

喷射混凝土是使钢架、锚杆、钢筋网组成统一受力整体的关键工序,它可以在围岩表面形成很薄的半刚性衬砌,并在短时间内达到平衡,从而把围岩本身转变成一种有效的承重结构。喷射混凝土具有良好的抗爆破振动和抗冲切性能,可很好地防止坍塌的产生。

当断层在拱部出露范围较小时,采用了在断层两侧施作径向锚杆,在断层范围用 ϕ22 mm 钢筋编网,并与锚杆焊接牢固,喷射混凝土之后形成临时支护。拱顶断层带的支护处理如图 4.2.17 所示。

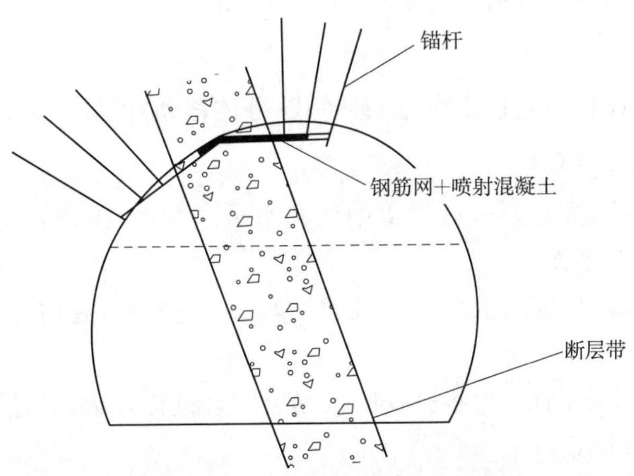

图 4.2.17　拱顶断层带的支护处理

背后与围岩间空隙较大时,应采用混凝土预制块或补喷混凝土填实。施工拱部钢架时,特别注意加强锁脚锚杆的施工质量,必要时并加设拱脚支撑。开挖完后及时接边墙段钢架,要求接头牢靠,底脚稳固。

复习思考题

1. 简述隧道施工中喷射混凝土的作用。
2. 结合具体案例,谈谈你对隧道初期支护施工的理解。
3. 简述锚喷支护工程的特点。
4. 常见的隧道锚杆有哪几种形式?
5. 简述喷射混凝土的主要施工步骤。

任务4.3 二次衬砌

二次衬砌和初期支护相对而言，指在隧道已经进行初期支护的条件下，用混凝土等材料修建的内层衬砌，与初期支护共同组成复合式衬砌，以达到加固支护、优化路线防排水系统、美化外观，方便设置通信、照明、监测等设施的作用，以适应现代化高速铁路隧道建设的要求。

相关学习内容

在永久性的隧道及地下工程中常用的衬砌形式有以下三种：整体式衬砌、复合式衬砌及锚喷衬砌。本任务的二次衬砌施工主要指复合式衬砌。

4.3.1 二次衬砌施工方法

按照现代支护理论和新奥法施工原则，二次衬砌是在围岩与支护基本稳定后施作的，此时隧道已成型，为保证衬砌质量，衬砌施工按先仰拱、后墙拱，即由下到上的顺序连续灌注。在隧道纵向，则需分段进行，分段长度一般为 9～12 m。

4.3.2 模板类型

常用的模板有整体移动式模板台车、穿越式(分体移动)模板台车、拼装式拱架模板。

4.3.3 衬砌施工准备工作

在灌注衬砌混凝土之前，要进行隧道中线和水平的测量，检查开挖断面或放线定位，准备混凝土制备和运输等工作。

这些准备工作，除应按模筑混凝土工程的一般要求进行外，还应注意以下各点。

1. 断面检查

根据隧道中线和水平测量，检查开挖断面是否符合设计要求，欠挖部分按规范要求进行修凿，并做好断面检查记录。

墙脚地基应挖至设计标高，并在灌注前清除虚渣，排除积水，找平支撑面。

2. 放线定位

根据隧道中线、标高及断面设计尺寸，测量确定衬砌立模位置，并放线定位。采用整体移动式模板台车时，实际是确定轨道的铺设位置。轨道铺设应保持稳固，其位移和沉降量均应符合施工要求。轨道铺设和台车就位后，都应进行位置、尺寸检查。放线定位时，为了保证衬砌不侵入建筑限界，须预留误差量和预留沉落量，并注意曲线加宽。

3. 拱架模板整备

使用拼装式拱架模板时，立模前应在洞外样台上将拱架和模板进行试拼，检查其尺寸、形状，不符合要求的应予修整。配齐配件，模板表面要涂抹防锈剂，洞内重复使用时亦应注意检查修整。拱架模板尺寸应按计算的施工尺寸放样到放样台上，并注意曲线加宽后的衬砌及模板尺寸。

使用整体移动式模板台车时，应在洞外组装并调试好各机构的工作状态，检查好各部尺寸，保证进洞后投入正常使用，每次脱模后应予检修。

4. 立模

根据放线位置，架设安装拱架模板或模板台车就位。安装就位后，应做好各项检查，包括位置、尺寸、方向、标高、坡度、稳定性等，并注意处理好以下几点：

(1)每排拱架应架设在垂直于隧道中线的竖直平面内，不得倾斜；对于曲线隧道，因曲线外弧长、内弧短，则应分段调整拱架方向和模板长度。

(2)拱架应立于稳固的地基上。拱架下端一般应焊接端头板，以增大支撑面，减少下沉；当地基较软弱时，应先用碎石垫平，再用短枕木支垫，此垫木不得伸入衬砌混凝土中。

当采用整体移动式模板台车时，其走行轨道应铺设稳定，轨枕间距要适当，道床要振捣密实，必要时可先施作隧道底板，防止过量下沉。

(3)拱架的架设要牢固稳定，保证其不产生过量位移。拱架立好后还应对其稳定性进行检查。固定的方法：横向有横撑(断面较小时采用)、斜撑(断面较大时采用)；纵向有带木、拱架间撑木、拉杆及斜撑。

拱架模板的架设和加强，均应考虑其腹部的通行空间，以保证洞内运输的畅通。

(4)挡头模板应同样安装稳固，挡头板常用木板加工，现场拼铺，以便于与岩壁之间的缝隙嵌堵严密，也可以采用气囊式堵头。

(5)设有各种防水卷材、止水带时，应先行安装好，并注意挡头板不得损伤防水材料，以免影响防水效果。

5. 混凝土制备与运输

由于洞内空间狭小，混凝土多在洞外拌制好后，用运输工具运送到工作面再灌注。运输工具的选择应注意装卸方便，运输快速，保证拌好的混凝土在运输过程中不发生漏浆、离析泌水、坍落度损失和初凝等现象。

4.3.4　混凝土的灌注、养护与拆模

在做好上述准备工作后，即可进行混凝土灌注。隧道衬砌混凝土的灌注应注意以下几点：

(1)保证捣固密实，使衬砌具有良好的抗渗防水性能，尤其应处理好施工缝。

(2)整体模筑时，应注意对称灌注，两侧同时或交替进行，以防止未凝混凝土对拱架模板产生偏压而使衬砌尺寸不合要求。

(3)若因故不能连续灌注，则应按规定进行接茬处理。

(4)边墙基底以上 1 m 范围内的超挖，宜用同级混凝土同时灌注。

(5)衬砌的分段施工缝应与设计沉降缝、伸缩缝及设备位置统一考虑，合理确定。

(6)当衬砌混凝土灌注到拱部时，封口方法需更改，改为沿隧道纵向进行灌注，边灌注、边铺封口模板，并进行人工捣固，最后堵头，这种封口称为活封口。当两段衬砌相接时，纵向活封口受到限制，此时只能在拱顶中央留出一个 50 cm×50 cm 的缺口，最后进行死封口。采用整体式模板台车配以混凝土输送泵时，可以简化封口。

(7)多数情况下隧道施工过程中,洞内的湿度能够满足混凝土的养护条件,但在干燥无水的地下条件,则应注意进行洒水养护。

采用普通硅酸盐水泥拌制的混凝土,其养护时间一般不少于 7 d;掺有外加剂或有抗渗要求的混凝土,一般不少于 14 d。养护用水的温度应与环境温度基本相同。

(8)二次衬砌的拆模时间,应根据混凝土强度增长情况来确定。一般应在混凝土达到施工规范要求强度时方可拆模。有承载要求时,应根据具体受力条件来确定。

4.3.5 压浆、设计仰拱和灌注底板

1. 压浆

在灌注衬砌混凝土时,虽然要求将超挖部分回填,但由于操作方法方面的原因,其中有些部位并不可能回填的很密实,这种情况在拱顶背后一定范围内较为明显。因此,要求在衬砌混凝土达到设计强度后,向这些部位进行压浆处理,以使衬砌与围岩密贴(全面紧密接触),达到限制围岩后期变形和改善衬砌受力工作状态的目的。

2. 设计仰拱和灌注底板

若设计无仰拱,则铺底通常是在拱墙修筑好后进行,以避免与拱墙衬砌和开挖作业的相互干扰。若设计有仰拱,说明侧压和底压较大,则应及时修筑仰拱,使衬砌环向封闭,避免边墙挤入造成开裂甚至失稳。但仰拱和底板施工占用洞内运输道路,对前方开挖和衬砌作业的出渣、进料造成干扰。因此,应对仰拱和底板的施作时间、分块施工顺序、运输的干扰问题进行合理安排。

为施工方便,仰拱和底板可以合并灌注,但应保证仰拱混凝土强度符合设计要求。待仰拱和底板纵向贯通,且混凝土达到一定强度后,方能允许车辆通行,其端头可以采用石渣土填成顺坡通过。

灌注仰拱和底板时,必须把隧道底部的虚渣、杂物及淤泥清除干净,排除积水。超挖部分应用同级混凝土或片石混凝土灌注密实。

4.3.6 典型案例

典型案例 1:深外站隧道二次衬砌的施工优化

深圳市轨道交通 8 号线深外站位于盐田区望基湖水库停车场旁,西北侧为海桐居和云顶道住宅区;东侧为深圳外国语学校宿舍楼,距离车站基坑最近净距为 1.2 m;北侧为盐排高速和梧桐山大道,部分下穿中青一路。暗挖段起点里程为 DK50+476.000,车站终点里程为 DK50+621.000,暗挖段长 145 m。

深外站暗挖段以及区间隧道暗挖段均是超大断面大跨度隧道。超大断面暗挖工程的二次衬砌结构施工多采用分段分层施工方法,可以通过合理的施工分段来控制结构混凝土的收缩裂缝,提高结构抗渗性能。施工分段应满足结构分段施工技术要求和构造要求,而且应结合施工能力和施工工期的要求。

深外站超大断面暗挖车站二次衬砌施工采用纵向分段和竖向分层的现浇施工作业，但对施工分段组织作业方式和二次衬砌竖向分层次数进行了优化。拆除底部竖向支撑的原方案为“隔一拆一”，根据围岩地层情况，改为新方案“隔一拆二”，一次拆撑的长度也增至12 m，一次仰拱浇筑的长度增至12 m，加快了施工进度。其次，优化了竖向分层浇筑的次数。配合使用了大断面二次衬砌台车，有利于现场施工组织，加快施工进度，具体如下：

(1)车站暗挖段断面全长126.1 m，分3层(仰拱、边墙及中板、拱部)浇筑施工。边墙及中板采用支架模板现浇施工工艺，拱部二次衬砌采用6 m长的大断面二次衬砌台车施工96 m，近明挖浅埋段仍采用模板支架施工30.1 m。

(2)连接线＋车站暗挖段全长112.3 m，采用台车施工段分2层(仰拱、拱墙)，支架施工段分3层(仰拱、边墙、拱顶)，其中采用二次衬砌台车施工60 m，采用模板支架施工41.5 m，中间风井横通道段10.8 m采用现浇支架施工。

(3)基于最新的施工工艺，优化了洞内施工组织模式，将原方案7个作业面优化为4个作业面，有效减小了施工组织难度，提高了洞内施工作业空间。优化后的施工分段平面如图4.3.1所示。

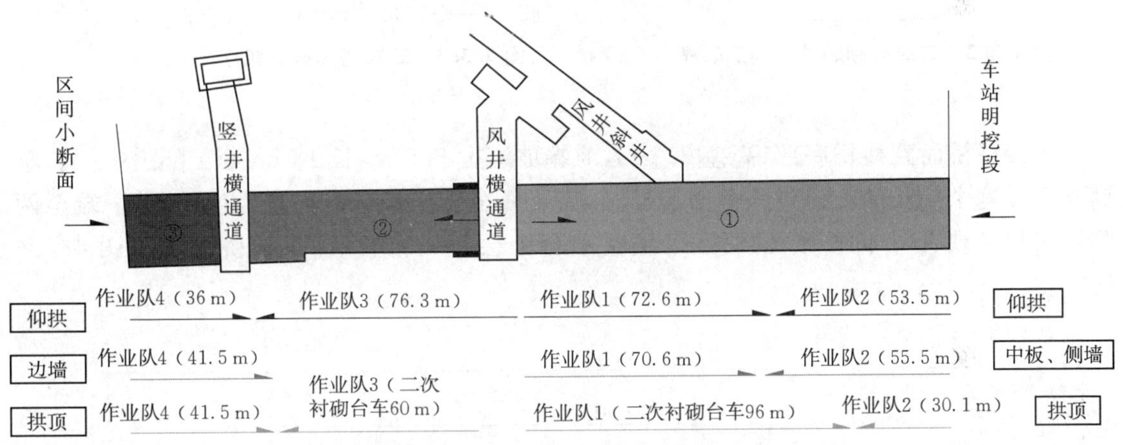

图4.3.1　优化后的施工分段平面

典型案例2：翔安隧道二次衬砌仰拱栈桥施工

翔安隧道位于厦门，其A2标的陆域段有719 m长的风化岩层地段，原设计采用CRD法施工，要求必须仰拱超前。这样，使用仰拱栈桥便成为一个必然选择。仰拱栈桥是指在隧道施工中架设在仰拱上方的临时便桥(又称抗干扰平台)，主要作用是保证仰拱施工时，其他工序作业仍可有序进行。二次衬砌的总体施工顺序如图4.3.2所示，二次衬砌施工顺序如图4.3.3所示。

仰拱栈桥须具备以下五项功能：

(1)最大载重量>50 t。

(2)自带动力，自行移动方便、快捷。

(3)净宽度大于 3.5 m。

(4)跨度可达 10～26 m,可调整为与二次衬砌台车长度相适应的长度。

(5)可作为仰拱、填充混凝土施工的支架与平台。

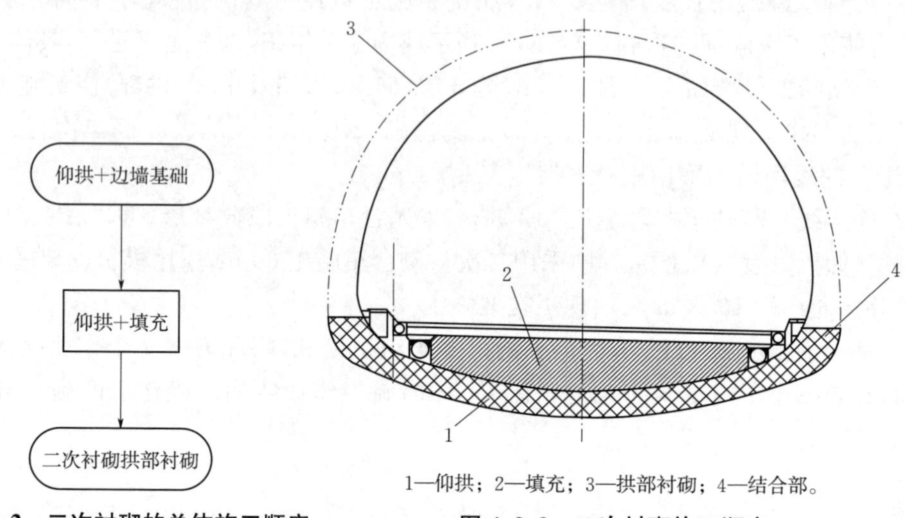

1—仰拱；2—填充；3—拱部衬砌；4—结合部。

图 4.3.2　二次衬砌的总体施工顺序　　**图 4.3.3　二次衬砌施工顺序**

从栈桥桥面到栈桥底部,高差 2.5 m,前端坡道宽 3.5 m,长 13 m,处于隧道中间。车辆要经过这个狭长的坡道进入侧面的导洞,需要一个转向平台。因此,前端坡道下端至两侧导洞间必须有一个平台,也便于车辆在平台上会车、转向。仰拱栈桥侧面如图 4.3.4 所示。

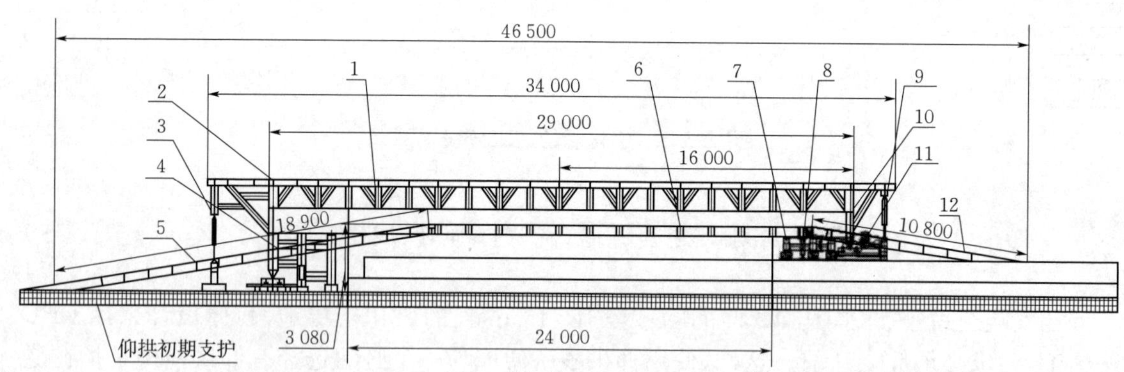

1—主栈桥主梁和副梁链接支架；2—主栈桥副梁；3—前引桥提升油缸；4—栈桥前端承载支撑架；5—前引桥；6—栈桥行车主横梁；7—栈桥后端承载支架；8—栈桥举升主油缸；9—后引桥提升油缸；10—引桥主梁；11—自行机构；12—后引桥。

图 4.3.4　仰拱栈桥侧面(单位:mm)

栈桥一次推进 20 m,栈桥前坡道下端平台清除使用大型挖掘机,一次历时 10 h,推进期间要安排好开挖面的掘进施工,栈桥推进顺序如图 4.3.5 所示。

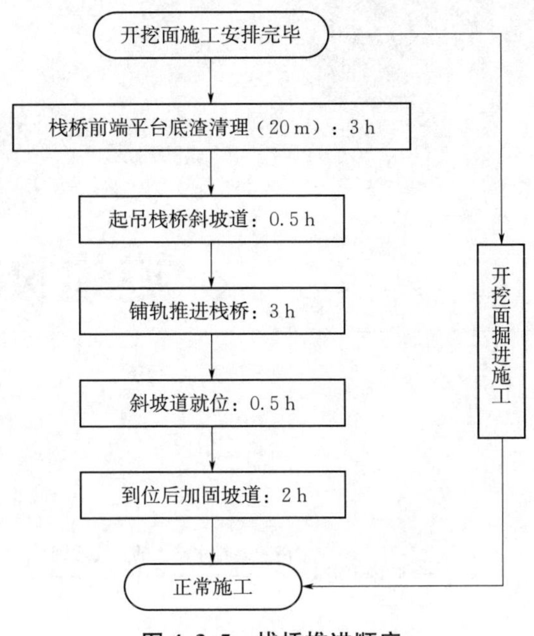

图 4.3.5　栈桥推进顺序

复习思考题

1. 简述隧道施工中，二次衬砌前需要做哪些准备工作？
2. 结合具体案例，谈谈你对二次衬砌施工流程的理解。
3. 二次衬砌的施工方法有哪些？
4. 常见的二次衬砌的模板有哪几种形式，请查阅资料找出对应实例。
5. 二次衬砌施工有哪几个主要施工步骤，请用流程图表示出来。
6. 如何解决二次衬砌的开裂问题？

项目5

隧道防排水施工

知识导图

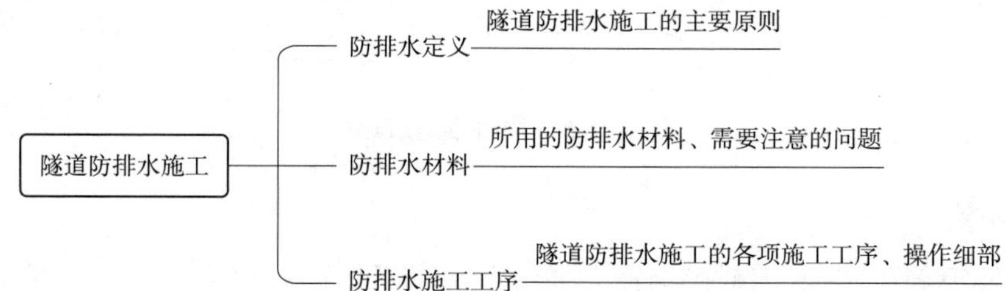

学习目标

知识目标

1. 了解隧道防排水的原则和理念；
2. 熟悉隧道防排水所用的材料；
3. 了解隧道防排水材料的特性；
4. 掌握隧道防排水关键施工工序；
5. 熟悉各防排水施工工序需要满足的操作要求。

能力目标

1. 能够参与隧道防排水系统的设计；
2. 能够根据施工情况选择合适的防排水材料。

素质目标

1. 树立爱岗敬业、吃苦耐劳、勇于创新的工作作风；
2. 培养分析问题和解决问题的水平；
3. 培养严谨务实、统筹兼顾的大局观；
4. 培养协同合作的团队精神。

任务 5.1 防排水定义

隧道防排水是指为保证隧道建筑不因渗漏而引起病害、危害行车、腐蚀隧道设备、降低结构使用寿命而采取的防水与排水措施，其涉及地质及地形、隧道构造方案及施工工艺、隧道工程材料性质等多重因素，隧道防排水可分为防水和排水两部分。

5.1.1 排水工作

针对隧道工程的结构排水工作，首先要保证设计的合理性，其次在隧道设计中结合施工地点的地质情况，做好相应的考察工作，进而对整个排水工作以及相应的排水管道布防，形成一个整体性的合理布局，避免因运营路线和排水管道布置路线发生冲突。

5.1.2 防水工作

隧道的防排水方案根据“以防为主”和“以排为主”的理念的不同，可以分为全包型防排水系统和半包型防排水系统。隧道工程施工除了对排水系统的构建之外，还加强了对防渗漏性能的要求，这就对隧道工程结构防水的设计工作提出了更高的要求。

5.1.3 典型案例

典型案例 1：浏阳河隧道全包型防排水系统施工

武广客运专线浏阳河隧道是国内第一条穿越城市、高速公路、河流的浅埋单洞双线铁路隧道。全包型防排水系统主要将防水板沿全断面布置（包括仰拱），将隧道与地下水隔离开来，用纵向排水管将防水板与二次衬砌之间的渗水排出，全包型防排水系统示意如图 5.1.1 所示。

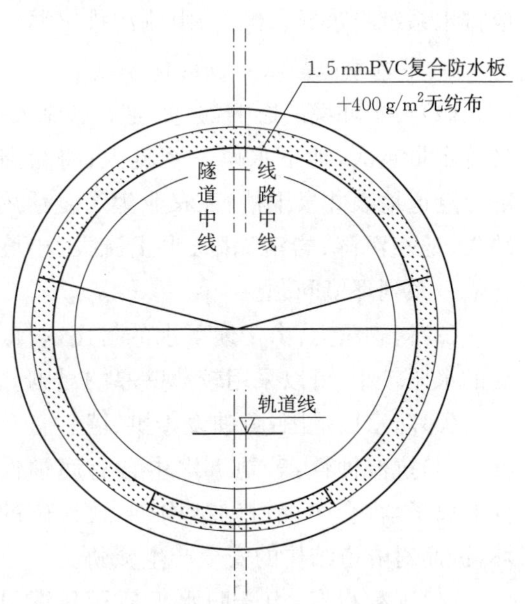

图 5.1.1 全包型防排水系统示意

1. 全包型防排水系统的优缺点

（1）对水环境的影响：地下水不排放或限量排放，地下水基本无流失，对环境影响较小。

（2）衬砌压力：水压较大，需采用较厚的二次衬砌来抵抗水压力。

（3）防水层范围：全断面铺设。

（4）抗侵蚀性：由于将地下水封堵在结构之外，故对隧道结构基本无影响。

(5)工程投资:全断面需铺设防水板,衬砌厚度较大且施工难度较高较复杂,故工程投资也较大。

2. 浏阳河隧道全包型防排水系统施工

(1)由于该隧道防排水系统以防为主,不允许有水排放或少量水排放,故不设中心排水管。

(2)全环设置遇水膨胀止水条、中埋式钢边橡胶止水带双道防水,拱墙设置可维护注浆止水管加强防水。

(3)全包型防排水隧道两侧的纵向施工缝处防水板内侧设置 HDPE100/96 双壁打孔波纹管,沿纵向每 10 m 分段,并直接与隧道侧沟连通;隧道两侧纵向施工缝处防水板外侧设置 HDPE110/96 双壁打孔波纹管,沿纵向每 10 m 分段,并直接与隧道侧沟连通。

(4)全包型防排水隧道拱墙防水板与二次衬砌之间环向施工缝处设置 HDPE50 打孔波纹管,平均每 10 m 一环(可根据台车长度调整),并直接与隧道侧沟连通。隧道拱墙初期支护与防水板之间环向施工缝处设置 HDPE50 打孔波纹管,平均每 10 m 一环,并直接与隧道侧沟连通。

典型案例 2:九里庄隧道半包型防排水系统

哈大客运专线九里庄隧道位于辽宁省大连市金州区九里庄与韩家岭之间,全长 4.32 km。隧道最大埋深 237 m,最大海拔标高 302 m,相对高差 250 m。半包型防排水系统将防水板仅铺设于拱墙部分(不含仰拱),防水板背后设置环向、纵向排水盲沟,环向、纵向排水盲沟组成排水系统将水导入侧沟,由侧沟排出洞外,半包型防排水系统如图 5.1.2 所示。

1. 半包型防排水系统的优缺点

(1)对水环境的影响:会使地下水流失,并且排水量越大,地下水位下降越大;将会造成部分隧道地表井泉干枯、工农业生产生活用水缺失、地表沉降、岩溶塌陷、水土流失、土壤沙化等一系列环境问题。

(2)衬砌压力:由于地下水的排出,衬砌承受的水压较小,可以采用较薄壁厚的衬砌。

(3)防水层范围:只铺设于拱、墙。

(4)抗侵蚀性:若地下水中含有腐蚀性成分的离子,将会腐蚀衬砌结构,导致衬砌的破坏,进而对隧道结构的安全产生威胁。

(5)工程投资:由于防水板适用只铺设于拱墙、衬砌厚度较薄且施工难度较低的工程,所以工程投资也较低。

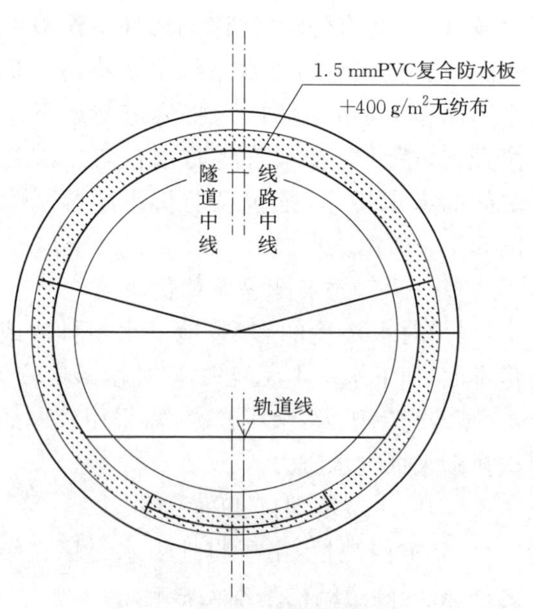

图 5.1.2 半包型防排水系统

2. 九里庄隧道半包型防排水系统施工

(1)在隧道防水层与初期支护间拱墙设置 HDPE50 打孔波纹管盲管。

(2)隧道边墙墙脚纵向设 HDPE107/93 打孔波纹管盲管,并与环向盲管连通,连通点设三通管直接引入侧沟内。

(3)隧道内设置双侧排水沟与中心排水管。

九里庄隧道半包型防排水系统如图 5.1.3 所示。

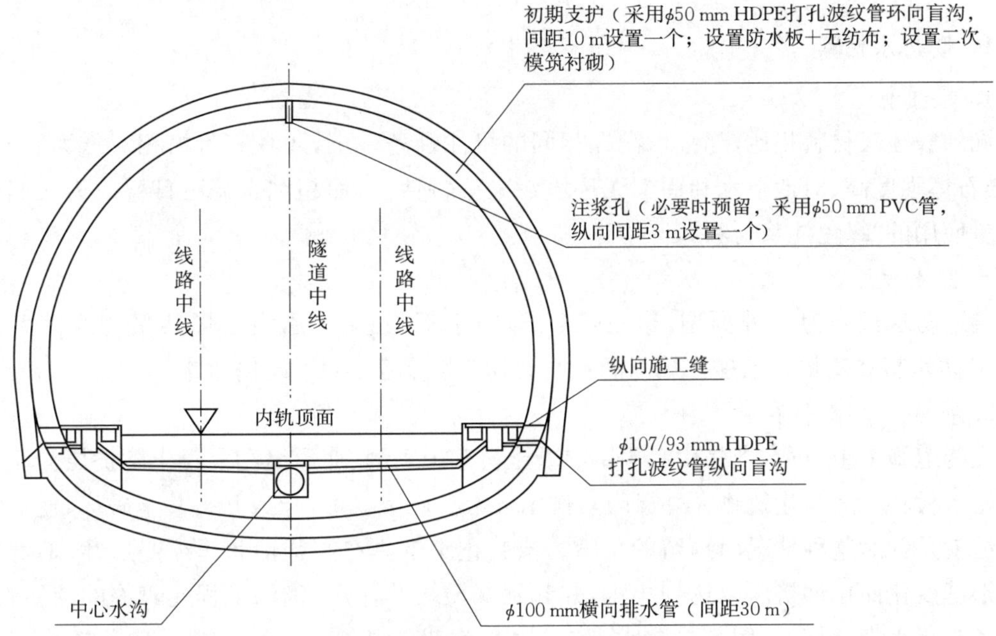

图 5.1.3　九里庄隧道半包型防排水系统

复习思考题

1. 半包型防排水系统的防排水理念是什么?
2. 对于半包型防排水系统和全包型防排水系统,哪种投资较大?
3. 简述全包型防排水系统和半包型防排水系统的区别。
4. 对于半包型与全包型防排水系统,哪种更适用于轨道交通隧道?

任务 5.2　防排水材料

根据使用的防排水材料不同,防排水施工可分为二道防线。

(1)第一道防线,是在开挖前,对围岩进行系统灌浆,封闭岩石裂隙,防止漏水,使用的材料为超细水泥。

(2)第二道防线，是铺设防水板，即沿开挖围岩设置整体防水板(焊接为整体)，防止水从上部和侧面进入隧道，围岩渗漏的水从隧道下边缘排水沟排出。

(3)第三道防线，是隧道的混凝土衬砌本身。

隧道防排水材料主要包括超细水泥、防水板和混凝土。此外，为了满足施工要求，隧道还需设置变形缝、止水条、止水带以及排水管。

5.2.1　防排水材料

1. 超细水泥

同一般注浆材料相比，超细水泥在相同的可注性条件下，还具有价格相对低廉、经久耐用、结石体强度高、对地下水和周围无环境污染等特性，从而超细水泥已日益成为人们首选且大量使用的“绿色注浆材料”。

2. 防水板

隧道防水板分为 3 种类型：聚乙烯(PE)防水板、乙烯—乙酸乙烯共聚物改性聚乙烯(EVA)防水板和乙烯—乙酸乙烯与沥青共聚物改性聚乙烯(ECB)防水板。

3. 止水带与止水条

在隧道施工中，止水带是用在预留混凝土衬砌施工缝、变形缝和混凝土防护层分段节点处的防水材料。因为建筑物在外界因素作用下常会产生变形，导致开裂甚至破坏，变形缝和施工缝就是针对这种情况而预留的缝隙。橡胶止水带具有高弹性和压缩变形性，随着建筑物变形缝变化而拉伸挤压以达到止水，并起到减振缓冲作用，确保工程建筑物的使用寿命。止水条与止水带一样，作用都是防水，防水以止水带为主、止水条为辅。变形缝处止水带在混凝土热胀冷缩的作用下会随着伸缩缝变化而拉伸挤压以达到止水作用。止水条的作用是在水达到止水条位置时，遇水后膨胀，把缝隙封死，以达到止水效果，也可以叫作以水止水。

4. 防水混凝土

防水混凝土是通过调整混凝土的配合比或掺加外加剂、钢纤维、合成纤维等，并配合严格的施工管理，减少混凝土内部的空隙率或改变孔隙形态、分布特征，从而达到防水(防渗)效果。

5. 排水管

隧道排水管的作用是将围岩的裂隙水引进隧道，降低地下水压力，避免衬砌结构受地下水的压力而破坏。

我国铁路、公路隧道常见的衬砌排水系统主要由环向排水管、纵向排水盲管、横向排水管以及中央排水管等构件连接，在隧道初期支护和二次衬砌之间形成排水网格空间，对地下水进行有组织的排放。铁路隧道与公路隧道的衬砌排水系统分别如图 5.2.1 和图 5.2.2 所示。

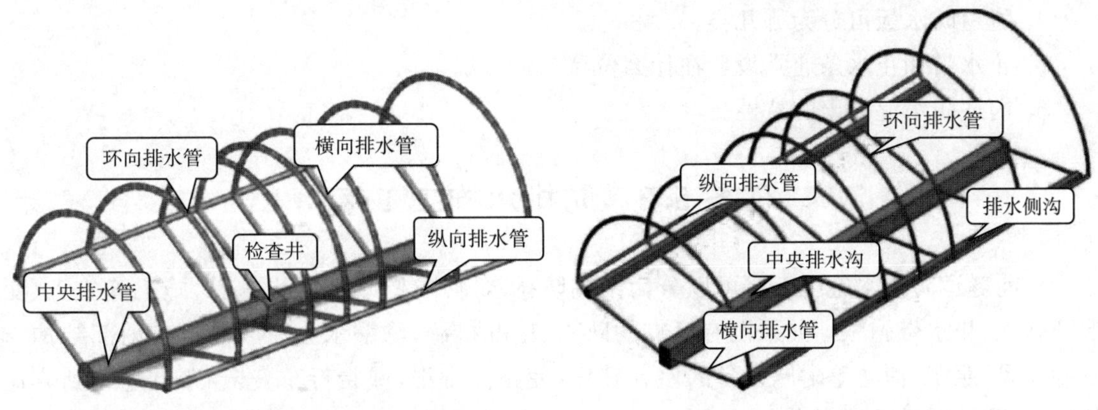

图 5.2.1　铁路隧道衬砌排水系统

图 5.2.2　公路隧道衬砌排水系统

5.2.2　典型案例

典型案例:马咀隧道防排水施工

怀阳高速公路马咀隧道全长 1.654 km,围岩主要由坡积层、全强风化砂岩、粉砂岩组成,节理裂隙极发育,泥化严重,岩体极破碎,自稳能力差,施工过程中存在大涌水。该隧道洞身的防排水措施主要有以下几个方面:

1. 洞内防水措施

洞身、人行横道、车行横道及其他各种附属洞室的衬砌背后设置复合防水层(土工布+EVA 防水板),施工缝设置止水带,沉降缝埋设遇水膨胀型止水带。隧道衬砌采用具有抗裂、抗渗(P8)防水混凝土。与常规浇筑、振捣的混凝土相比,防水混凝土主要有以下几个优点:

(1)结构均匀密实,提高结构的耐久性。

(2)具有良好的施工性能,无需振捣即能够在自重作用下流遍模腔的每个角落,对于钢筋密集或振捣困难的狭窄部位而言,这种优点显得更为突出。

(3)加快施工进度,缩短施工工期,可以消除因振捣而带来的噪声,改善施工环境。

2. 洞内排水措施

在行车道两侧边缘设置排水边沟,衬砌背后的墙脚外侧设置纵向排水管(HDPE100),在初期支护喷射混凝土中设置半圆排水管(HDPE50),将围岩裂隙水引流至衬砌墙脚处纵向排水管,进而减轻衬砌背面的水压力。

复习思考题

1. 缓冲层通常铺设在隧道的什么位置?
2. 隧道排水管为什么要打孔?
3. 隧道排水管下面为什么设置素混凝土管座?

4. 隧道防水板可分为哪几类?

5. 止水带和止水条通常设置在什么位置?

6. 简述防水混凝土的特性。

任务 5.3 防排水施工工序

目前隧道防排水施工工序可以分为结构防排水施工、防水混凝土施工、施工缝施工、变形缝施工、止水带施工。如果没有可靠的防水、堵漏措施,渗漏水会造成对衬砌内部结构与各种通风、照明、消防等附属设备的侵蚀破坏,使路面湿滑,威胁行车安全,严重危害到隧道的运营,降低隧道的使用寿命。

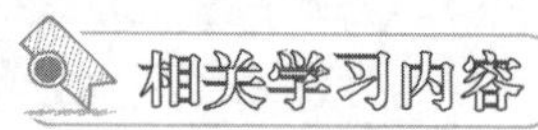

5.3.1 防排水施工流程

隧道结构防排水施工作业主要包括基面检查处理、排水盲管安装、防水板铺设、止水带安装、混凝土灌注等。隧道防排水施工流程如图 5.3.1 所示。

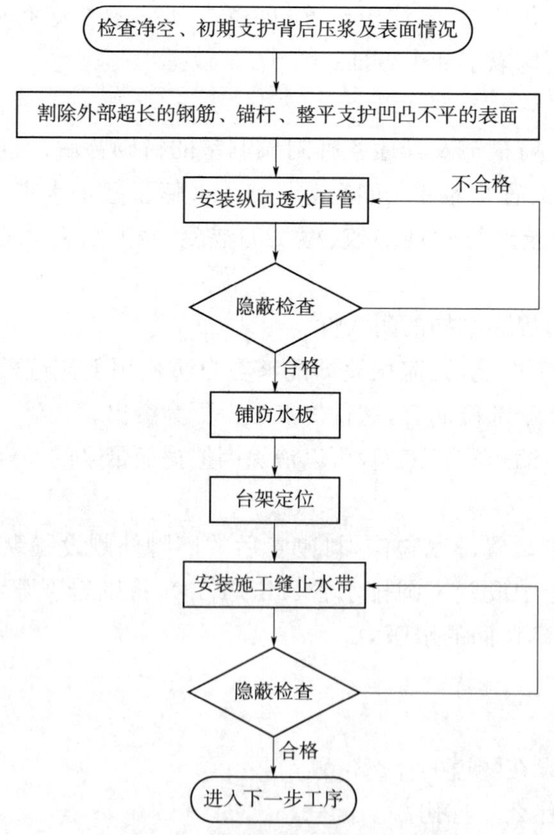

图 5.3.1 隧道防排水施工流程

5.3.2　结构防水板施工

结构防水板施工可分为几个步骤，如图 5.3.2 所示。

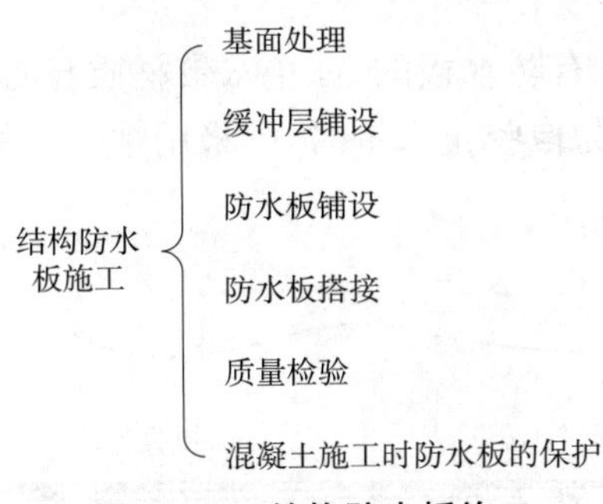

图 5.3.2　结构防水板施工

5.3.3　防水混凝土施工

防水混凝土施工应在围岩和初期支护基本稳定后进行，施工前要做好初期支护的注浆堵水和结构外防水的防水层铺设。为减少水化热现象的出现，施工时在混凝土中掺入部分粉煤灰，借以提高混凝土的和易性。防水混凝土的搅拌除可使材料均匀混合外，还能起到一定的塑化和提高和易性的作用，这对防水混凝土的性能影响较大，为此混凝土搅拌要达到色泽一致后方可出料，拌和时间不应小于 2 min。

5.3.4　施工缝、变形缝施工

1. 施工缝

施工缝处采用止水带或止水条防水，设置在结构厚度的 1/2 处，施工缝防水构造如图 5.3.3 所示。

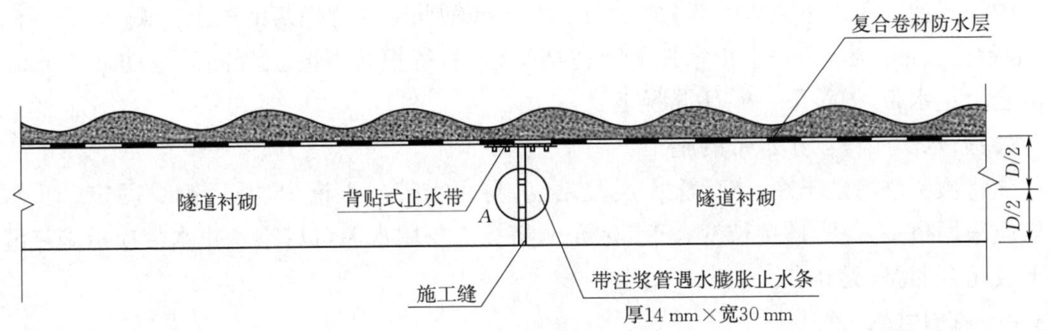

图 5.3.3　施工缝防水构造

2. 变形缝

变形缝是由于考虑结构不均匀受力和混凝土结构胀缩而设置的允许变形的缝隙，它是防水处理的难点，也是结构自防水中的关键。

5.3.5　止水带施工

止水带按使用情况和施工方式不同可分为背贴式橡胶止水带的施工、中埋式橡胶止水带的施工、遇水膨胀橡胶止水带的施工。

(1)背贴式橡胶止水带的施工

①背贴式橡胶止水带设置在衬砌结构施工缝、变形缝的外侧,施工时按要求先在需要安装止水带的位置放出安装线。

②施工缝或变形缝处设计有防水板的,如止水带材质与防水板相同,则采用热焊机将止水带固定在防水板上;如设计为橡胶止水带时,则采用粘结法将其与防水板粘结。变形缝止水带施工如图 5.3.4 所示。

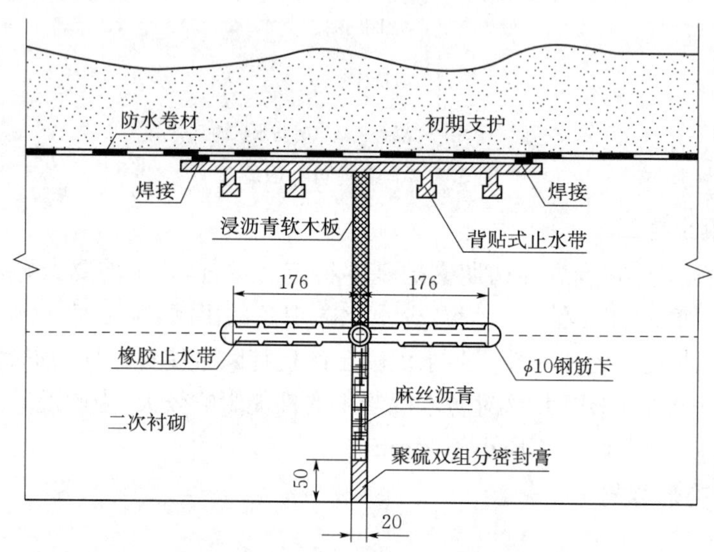

图 5.3.4 变形缝止水带施工(单位:mm)

(2)中埋式橡胶止水带的施工

中埋式橡胶止水带施工时,将加工的 ϕ10 mm 钢筋卡由待模筑混凝土一侧,向另一侧穿入,卡紧止水带一半,另一半止水带平铺在挡头板内,待模筑混凝土凝固后弯曲 ϕ10 mm 钢筋卡套上止水带,模筑下一循环混凝土。

(3)遇水膨胀橡胶止水带的施工

先将预留槽清洗干净,然后涂一层胶粘剂,将止水带嵌入槽内,并用钢钉固定。止水带连接应采用搭接方法,搭接长度大于 50 mm,搭接头要用水泥钉钉牢。止水带应沿施工缝回路形成闭合回路,无断点。

5.3.6 典型案例

典型案例:樊家山隧道防排水施工

成武高速公路樊家山隧道左线长 1.906 km,右线长 1.886 km;该隧道位于秦巴山区、青藏高原、黄土高原三大地形交汇区,以中低山地貌和河谷地貌为主,山势巍峨挺拔,蜿蜒延伸。隧道的断层带岩体破碎,岩体稳定性较差,沿线河流有北峪河;地下水类型有岩溶水、基岩裂隙水、松散层孔隙水,主要为基岩裂隙水。施工区内气候较为干旱,降水量较少。

1. 围岩注浆堵水

在富水地段为不影响生态环境，避免对周围的生态环境、社会环境造成影响，在隧道施工中有一个基本措施，就是在岩质隧道中实施围岩的注浆止水。围岩注浆堵水是在隧道围岩的富水区段向地层灌注浆液，封堵地层中的渗水裂隙，在隧道外形成一个环形保护圈层，增强围岩抗渗能力，减少围岩流向隧道的渗水，并显著降低隧道外水压力。樊家山隧道根据现场围岩情况，对主要涌水通道、裂隙区域进行围岩注浆堵水。

2. 基面处理及防水板富余量

许多隧道建成后，漏水现象严重，这主要与防水板施工有密切的关系，表现在防水板铺设质量上，如破损严重、接头不密实、铺设过紧过松，影响了防水功能的发挥。樊家山隧道防水层采用铺满土工布（300 g/m^2）及防水板（1.2 mm 厚 ECB/EVA 共挤复合防水板）作为第一道防水措施。铺设防水层前要对铺挂基面进行检查，对不满足要求的应进行处理。此外，防水板的搭接应确保10%以上的富余长度，即板的长度应比初期支护轮廓线长度大10%。

3. 防水层铺设

防水层铺设包括防水板的铺设和缓冲层的铺设。隧道施工中堵头板在现场都采用木板加工而成，在和防水板接触时可使防水板破损，因此在板之间要配置缓冲层。

(1)防水板的铺设

防水板的铺设应先在喷射混凝土基面上用明钉铺设法固定缓冲层，然后将防水板热焊或粘合在缓冲层垫圈上，使防水板无穿透钉孔。

(2)缓冲垫层的铺设

①将垫衬横向中线同隧道中线对齐。

②由拱顶向两侧边墙铺设。

③采用与防水板同材质的专用塑料垫圈压在垫衬上，使用水泥钉或胀管螺钉锚固。

(3)防水板焊接及焊缝的检查

樊家山隧道主焊缝用热焊结合方式搭接，施工时将两幅卷材平行放好，压茬宽度为10 cm，然后用专门的热合机将两幅卷材边缘压合于一起。焊缝处不允许漏焊、假焊，凡烤焦、焊穿处必须用同种材料焊贴覆盖。焊接温度控制在200～300 ℃，中间留出一空腔以便充气检查。樊家山隧道防水板焊接检查缝如图5.3.5所示。

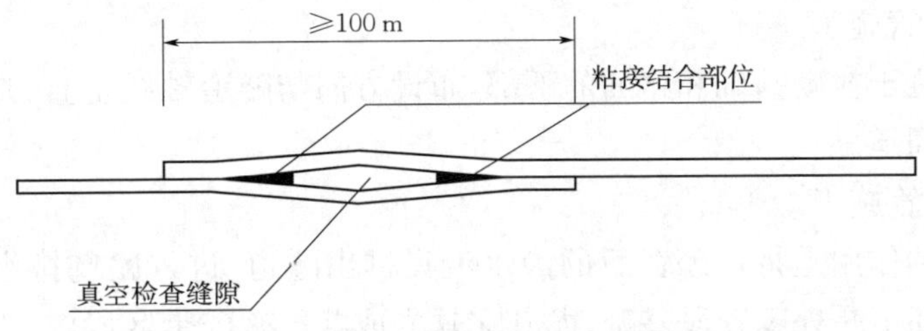

图5.3.5 樊家山隧道防水板焊接检查缝

4. 止水条、止水带施工

樊家山隧道在一般地段施工缝处采用外贴式遇水膨胀止水条防水，在明洞施工缝、断层破碎带、集中渗水段施工缝以及沉降缝处采用橡胶止水带防水，使得二次衬砌混凝土施工中的防水薄弱环节得到了加强。

5. 基底排水系统施工

樊家山隧道基底排水系统由环向排水盲管、纵向排水管、横向排水管、路面排水沟、中央排水管组成，如图 5.3.6 所示。

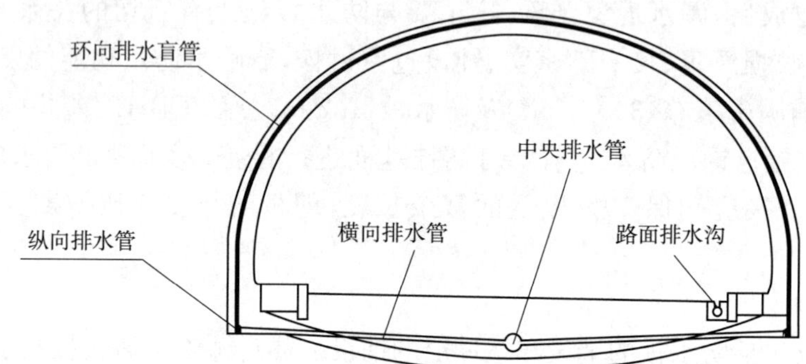

图 5.3.6 樊家山隧道基底排水系统

(1)纵向排水管施工

纵向排水管是沿隧道纵向设置在衬砌底部外侧的透水盲管，在隧道排水系统中是一个中间环节，起着承上启下的作用。在安装前，应按一定的排水坡度用素混凝土整平安装基面，施工中应注意检查上部环向排水盲管与墙背纵向排水管的连接畅通，并用三通接头相连，如图 5.3.7 所示，将环向排水盲管和防水板垫层排下的水汇集，并通过横向排水管排除。

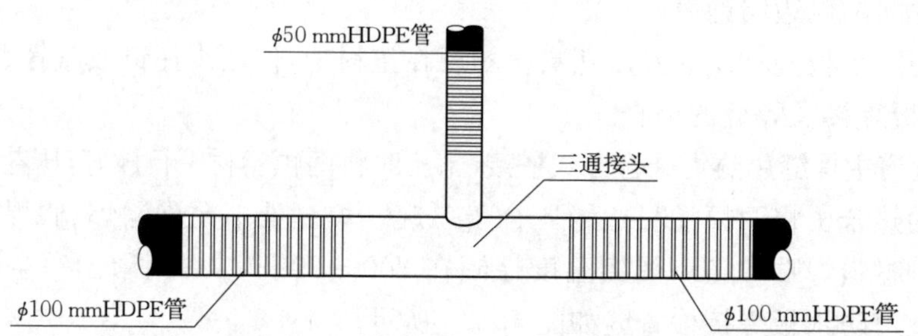

图 5.3.7 环向排水盲管通过三通接头与墙背纵向排水管相连

(2)横向排水管施工

横向排水管位于衬砌基础和路面的下部，布设方向与隧道轴线垂直，是连接纵向排水管与中央排水管的通道。

(3)中央排水管施工

中央排水管的作用是将衬砌背后的渗水汇集排出隧道，进入路基排水边沟。中央排水管最重要的一个环节是处理管段基础，尤其在软岩或断层破碎带区段施工中，应将超挖的松散层清理干净，用强度较高的碎石替换，并用素混凝土找平基面，使基础平整。

复习思考题

1. 隧道基底排水系统由什么组成?
2. 简述隧道防水板焊接的检查方法。
3. 简述缓冲层的作用。
4. 隧道结构防水板铺设分为哪几步?
5. 隧道在铺设防水板之前,基面处理应注意哪些问题?
6. 隧道防水板安装后的质量检验包含哪几个方面?
7. 橡胶止水带分为哪几种?

项目6

隧道监控量测

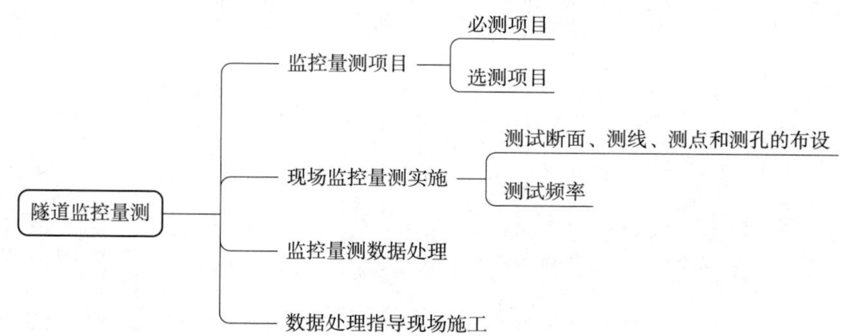

知识目标

1. 掌握隧道监控量测的项目；
2. 了解进行监控量测所需的设备仪器；
3. 掌握测试断面、测线、测点和测孔的布设；
4. 了解量测数据处理方法；
5. 理解量测数据的反馈。

能力目标

1. 能够掌握隧道监控量测各项目的方法及原理；
2. 能够具备布设测试断面、测线、测点和测孔的能力；
3. 能够具备处理监控量测数据的能力；
4. 能够通过数据处理分析围岩稳定性；
5. 能够掌握隧道监控量测的流程。

素质目标

1. 树立爱岗敬业、吃苦耐劳、勇于创新的工作作风；
2. 培养分析问题和解决问题的水平；
3. 培养严谨务实、统筹兼顾的大局观；
4. 培养协同合作的团队精神。

任务 6.1　监控量测项目

隧道监控量测项目分为必测项目和选测项目两大类，必测项目包括：地质和支护状态观察、周边位移、拱顶下沉、地表下沉（浅埋隧道必测，即隧道埋深小于等于两倍隧道最大开挖宽度）。选测项目包括：围岩内部位移、围岩压力及两层支护间压力、钢支撑内力及外力、锚杆轴力等。

6.1.1　量测元件及仪器

1. 百分表、千分表、挠度计

表盘最小刻度值为 0.01 mm 的量测器具称为百分表，最小刻度值为 0.001 mm 的量测器具称为千分表，最小刻度值为 0.05 mm，并可连续读数、量程无限大的量测器具称为挠度计。

2. 收敛计

坑道开挖后，随着围岩应力重分布，坑道相对侧壁的距离将产生变化，当围岩应力趋于平衡时，这种变化将逐渐趋于稳定，这个变化过程称为收敛，这种相对距离的量测称为收敛量测，收敛量测所用的仪器称为收敛计。常见的收敛计有重锤型收敛计和弹簧张力型收敛计。

（1）重锤型收敛计

重锤型收敛计中重锤的作用是通过滑轮施加一个恒定的拉力，以减小测读误差，常用于软弱围岩和变形较大的地下工程。重锤型收敛计如图 6.1.1 所示。

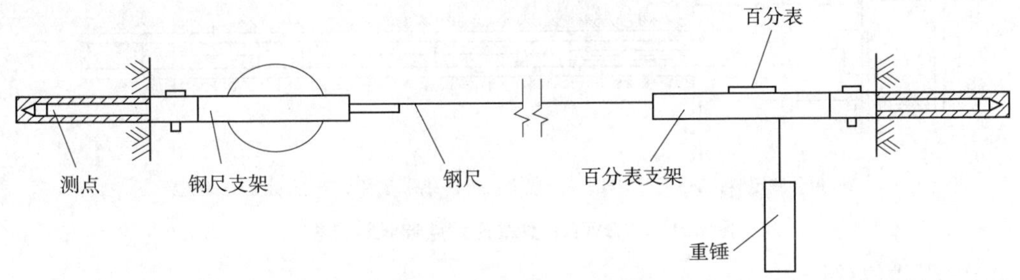

图 6.1.1　重锤型收敛计

（2）弹簧张力型收效计

弹簧张力型收敛计取消了重锤，并用铟钢丝代替了钢尺。铟钢丝的恒定拉力由收敛计内的弹簧张力来实现,而弹簧的张力大小通过测力百分表的读数得知,百分表事先要与弹簧联合标定。由于采用了铟钢丝以及灵活转动的万向接头,提高了量测精度和温度稳定性。弹簧张力型收敛计如图 6.1.2 所示。

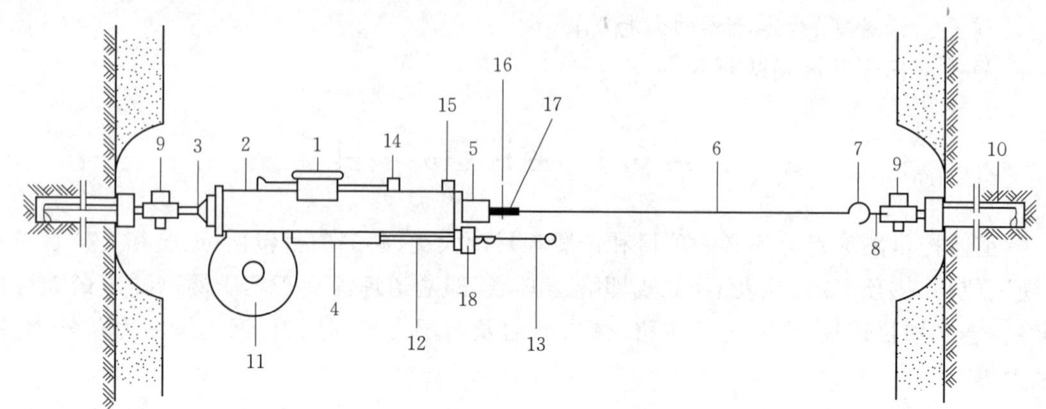

1—百分表；2—收敛计架；3—钢球；4—弹簧秤；5—内滑管；6—带孔钢尺；7—连接挂钩；8—羊眼螺栓；9—连接销；10—预埋件；11—钢尺架；12—丝杠；13—拉绳；14—触头；15—水准气泡；16—定位销；17—压尺螺钉；18—微调螺杠。

图 6.1.2　弹簧张力型收敛计

3. 位移计

位移计有两种类型,一类是机械式,另一类是电阻式,其构造是由定位装置、位移传递装置、孔口固定装置以及百分表或读数仪等部分组成。

(1)机械式钻孔位移计

机械式钻孔位移计是在孔内设一根测杆,一端固定在钻孔底部,另一端悬于孔口,用百分表测钻孔口壁与钻孔底固定点间相对位移。

如果在钻孔中不同深度埋置几个固定点,每点引出一测杆,称为多点式位移计。钢带式和钢丝式位移计可单孔观测多个测点,如 DWJ-1 型深孔钢丝式位移计可同时观测到单孔中不同深度的 6 个点位,DWJ-1 型深孔六点伸长计结构如图 6.1.3 所示。

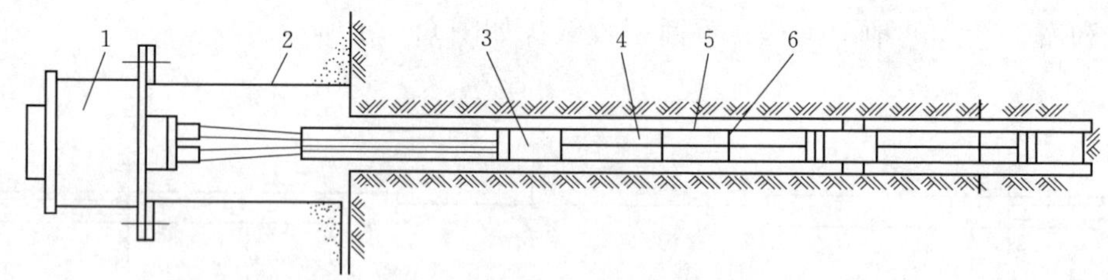

1—位移测定器；2—圆形支架；3—锚固器；4—保护套管；5—砂浆；6—定位器。

图 6.1.3　DWJ-1 型深孔六点伸长计结构

(2)电阻式位移计

电阻式位移计的传感器须有读数仪来配合输送、接收电信号,并读取读数。电阻式位移计多用于进行深孔多点位移测试,其观测精度较高,测读方便,且能进行遥测,但受外界影响较大,稳定性较差,费用较高。电阻式位移计如图 6.1.4 所示。

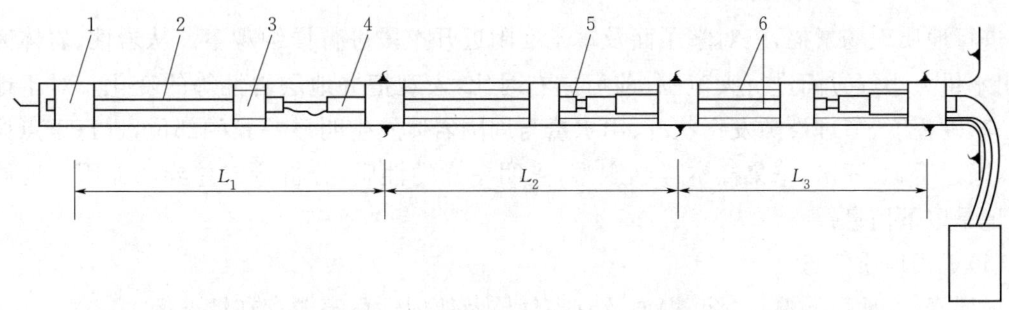

1—锚固压缩木；2—位移传递杆；3—硬杂木定位器；4—WY-4D型位移传感器；5—位移测点；6—测试导线；L_1、L_2、L_3—测点间隔距离。

图 6.1.4 电阻式位移计

4. 锚杆拉力计

锚杆拉力计主要用于锚杆拉拔实验，由手动油泵、空心千斤顶、压力表和油管组成。拉力计最大拉拔力可达到 400 kN，上面可安装百分表测千斤顶行程。

5. 钢筋计

电磁感应式钢筋计通过建立钢弦频率与被测物理量之间的关系，由钢弦频率来推定被测物理量的值。电磁感应式钢筋计又称为钢弦式钢筋计，这种钢筋计的构造比较简单，性能稳定，耐久性强，其直径能接近设计锚杆直径，经济性良好，是一种有较好发展前景的钢筋计，钢弦式钢筋计如图 6.1.5 所示。

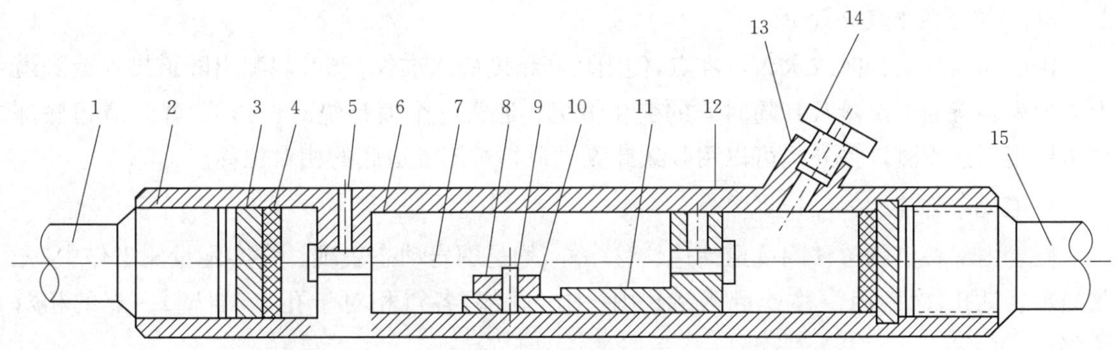

1—拉杆；2—壳体；3—端封板；4—橡皮垫；5—定位螺钉；6—夹线柱；7—钢弦；8—线圈架；9—铁芯；10—线圈；11—支架；12—支撑堵头；13—密封圈；14—引线嘴；15—拉杆。

图 6.1.5 钢弦式钢筋计

6. 岩土压力盒

支护的内应力及其与围岩之间的接触应力大小可用盒式压力传感器进行测试。压力盒有两种传感方式，一种是变磁阻调频式，另一种是液压式。

6.1.2 监控量测方法

隧道现场监控量测项目应根据工程特点、规模大小和设计要求综合选定。下面介绍几项主要量测项目的量测方法。

1. 地质和支护状态观察

进行地质现场素描，应对掌子面及掌子面附近开挖段进行详细观察。从岩性、岩体完整性、出水量大小等方面进行大范围、前后左右对比，宏观把握地层岩性等的变化。对于地层颜色、软硬程度、节理裂隙发育状况、出水量与周围岩体发生明显差异的部位，进行重点详细观察，通过手触、锤击、采集样本详细观察，查明差异的性质，分析造成差异的原因。地质素描应记录以下信息：

(1)工程地质信息

地层岩性、地质构造、岩溶、塌方及有害气体及放射性危害源存在情况等。

(2)水文地质信息

出水段及范围、出水形态及出水量大小(渗水、滴水、滴水成线、股水、涌水、暗河)。必要时进行地表相关气象、水文观测，判断洞内涌水与地表径流、降雨的关系。

(3)影像信息

隧道内重要的和具有代表性的地质现象应进行摄影或录像。

2. 周边位移

隧道开挖后，围岩向坑道方向的位移是围岩动态的最显著表现，最能反映出围岩(或围岩加支护)的稳定性。为量测方便起见，除对拱顶、地表下沉及底鼓可以量测绝对位移值外，对坑道周边其他各点，一般均用收敛计量测其中两点之间的相对位移值来反映围岩位移动态。

3. 拱顶下沉和地表下沉

由已知高程的临时或永久水准点，使用较高精度的水准仪，就可观测出隧道拱顶或隧道上方地表各点的下沉量及其随时间的变化情况。通常这个值是绝对位移值，并且隧道底部也可以用此法观测。另外也可以用收敛计测拱顶相对于隧道底的相对位移。

4. 围岩内部位移

围岩内部各点的位移同坑道周边位移一样，均是围岩动态表现。在实际量测工作中，先是向围岩钻孔，然后用位移计量测钻孔内(围岩内部)各点相对于孔口(岩壁)一点的相对位移。

5. 锚杆轴力及抗拔力

系统锚杆的主要作用是限制围岩的松弛变形。锚杆的轴力及抗拔力主要以其受力后的应力—应变值来反映。实际测量工作中，采用与设计锚杆强度相等，且刚度基本相当的各式钢筋计来观测锚杆的应力—应变值。

6. 围岩压力

支护与围岩之间的压力可采用盒式压力传感器(称压力盒)进行测试。将压力盒埋设于混凝土内的测试部位、支护与围岩接触面的测试部位，则压力盒所受压力即为该部位测点力。

7. 声波测围岩的弹性波速度

声波测试是地球物理探测方法的一种。它是在岩体的一端激发弹性波，而在另一端接收通过岩体传递过来的波，弹性波通过岩体传递后，其波速、波幅、波频均发生改变。弹性波在岩体中的传播特征反映了岩体的物理力学性质，如动弹性模量、岩体强度、完整性或破碎程度、密实度等。据此可以判别围岩的工程性质，如稳定性，并对围岩进行工程分类，声波测试原理如图 6.1.6 所示。

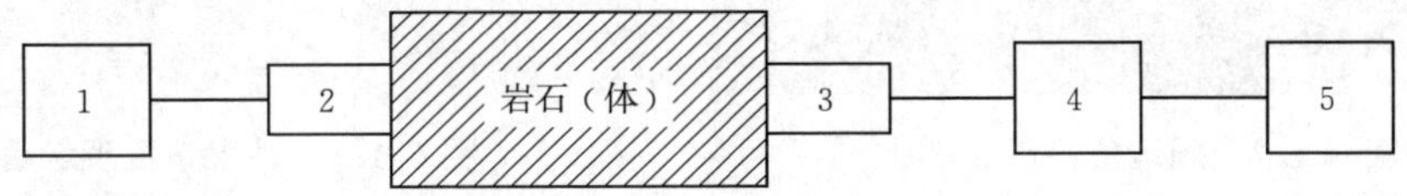

1—振荡器；2—发射换能器；3—接受换能器；4—放大器；5—显示器。

图 6.1.6 声波测试原理

目前，在工程测试中，普遍应用声波在岩体中传播的纵波速度（v_p）来作为评价岩体物理力学性质的指标。一般有以下规律：

（1）岩体风化、破碎、结构面发育则波速低、衰减快、频谱复杂。

（2）岩体冲水或应力增加则波速高、衰减慢、频谱简化。

（3）岩体不均匀和各向异性则其波速与频谱也相应表现出不均一性和各向异性。

6.1.3 典型案例

典型案例：康家楼隧道监控量测

康家楼隧道于山西省东部，地形地貌极为复杂，总体地形中部高、两翼低。海拔高程介于 1 104.2～1 561.2 m，相对高差 457 m。康家楼隧道整体地下水富水性相对较弱，以弱富水洞身为主，在断裂构造、岩溶通道附近极有可能相互连通，施工中洞体极有可能涌水、突水，对工程影响严重。

洞内、外地质及支护状况观察如下：

直观或取样实验，对围岩支护做如下观察：①对地表进行裂缝观测；②开挖后及时观察岩性结构面产状等，核对围岩分级并测绘地质素描图；③检查喷层有无裂损，锚杆有无松动，并做好观察或描述记录。

周边位移量测：仪器设备包括收敛计和全站仪，收敛计精度为 0.01 mm，全站仪测角精度为 2″以内、测距精度为±2 mm 以内。周边位移量测如图 6.1.7 所示。

拱顶下沉量测：仪器设备包括水准仪、水准尺，检测精度为 0.1 mm。拱顶下沉测点与周边位移量测测点布置在同一断面。

锚杆轴力及拉拔力量测：仪器设备为锚杆拉拔仪，量测精度为 0.01 MPa。通过对锚杆的拉拔，来测试锚杆的固结状态。

地表下沉量测：仪器设备包括精密水准仪、钢尺、标杆等，量测精度为 0.5 mm。在施工的时候可能发生的坍塌地点设立观察点，地表下沉现场量测如图 6.1.8 所示。

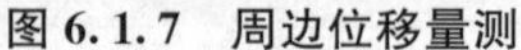
图 6.1.7 周边位移量测

图 6.1.8 地表下沉现场量测

钢架内力及所受的荷载量测:仪器设备包括 JMYJ-28 静态电阻应变仪、钢筋应力计等,量测精度为 0.1 MPa。依据土质、涌水等条件设立监控量测断面,量测钢架中内、外钢筋的轴力和型钢钢架内、外侧的应变,从而计算其所受到的轴力和弯矩。

复习思考题

1. 隧道监控量测的选测项目有哪些?
2. 地表下沉趋势是否为判断围岩稳定性的一个标志?为什么?
3. 简述地表下沉的量测方法。

任务 6.2　现场监控量测实施

现场监控量测作为了解围岩变化动态的重要手段,是直接为支护设计和施工决策服务的。但能否达到这个目的,就要看现场监控测量的设计和安排是否合理。现场监控量测包括确定测量手段和项目、测点布置、量测频率和制定实施计划等。

相关学习内容

6.2.1　测试断面、测线、测点和测孔的布设

测试断面有两种,一是单一测试断面,二是综合测试断面。把单项量测内容布设在一个测试断面,了解围岩和支护在这个断面的动态变化情况,这种测试断面称为单一测试断面。把几项量测内容组合布设在一个测试断面,使各项量测结果、各种量测手段互相校验,对该断面的动态变化进行综合分析和判断,这种测试断面称为综合测试断面。

1. 测试断面的布设

隧道工程现场量测的测试断面一般均沿隧道纵向间隔布设。由于各量测项目的要求不同,其测试断面的间距也不相同。一般情况下,应保证沿隧道中线每类围岩至少有一个量测断面。测试断面的间距规定大致有以下三种情况:

(1)拱顶下沉和周边位移一般布设在同一断面,断面间距视隧道长度、地质条件和施工方法等确定。拱顶下沉、周边位移测试断面间距可按表 6.2.1 选用,其中 B 为洞室宽度。

表 6.2.1　拱顶下沉、周边位移测试断面间距

条　　件	洞口附近	埋深小于 2B	施工进展 200 m 前	施工进展 200 m 后
断面间距(m)	10	10	20(土砂围岩减小到 10)	30(土砂围岩减小到 10),且围岩变化 1 次至少设 1 个断面

(2)地表下沉量测与埋深有很大关系,其测试断面间距可参照表 6.2.2 执行。

表 6.2.2　地表下沉测试断面间距

埋深 h 与洞室跨度 B 关系	$2B<h$	$B<h<2B$	$h<B$
断面间距(m)	20～50	10～20	5～10

(3)其他量测项目一般都可布置在综合测试断面上,其断面间距和数量视具体需要而定。在一般围岩条件下,200～500 m 设一个断面。此外,测试断面应尽可能接近开挖面。一般要求不超过 2 m,实际上有的已安设在距开挖面仅 0.5 m 的断面上,其观测效果更好。

2. 周边位移的测线布置

隧道断面自开挖到变形稳定期间的总位移值称为净空位移值。隧道拱顶内壁的绝对下沉量称为拱顶下沉值。拱顶下沉量测也属于位移量测,对于埋深浅、固结低的地层以及水平成层的场合,这项量测比周边位移量测更为重要,其量测数据是判断支护效果、指导施工质量和安全的最基本资料。

隧道周边位移测线可参照表 6.2.3 及图 6.2.1 布置,其中 B 为洞室宽度。

表 6.2.3　隧道周边位移测线布置数据

开挖方法	一般地段	特殊地段			
		洞口附近	埋深小于 2B	有膨胀压力或偏压	实施选测项目代表性地段
全断面开挖	1 条水平测线	—	3 条或 5 条	—	3 条或 5 条、7 条
短台阶开挖	2 条水平测线	3 条或 6 条	3 条或 5 条	3 条或 6 条	3 条或 5 条、6 条
多台阶开挖	每台阶 1 条水平测线	每台阶 1 条	每台阶 3 条	每台阶 3 条	每台阶 3 条

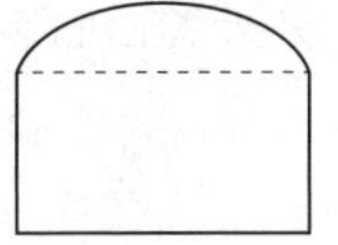
(a) 1条侧线

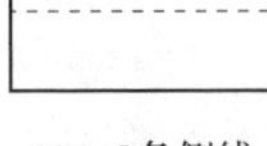
(b) 2条侧线

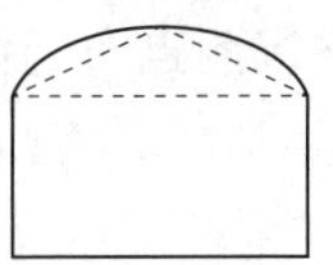
(c) 3条侧线

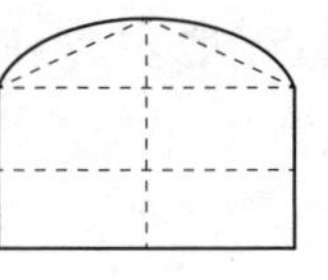
(d) 5条侧线

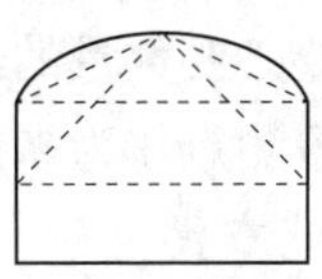
(e) 6条侧线

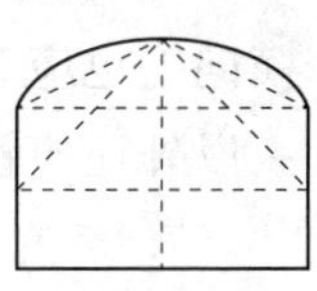
(f) 7条侧线

图 6.2.1　隧道周边位移测线布置示意

拱顶下沉量测的测点一般可与周边位移测点共用,这样可以节省安设工作量,使测点统一,测试结果能互相校验。

3. 围岩内部位移的测孔布置

围岩内部位移的测孔布置是选择量测项目，主要目的是了解隧道围岩的径向位移分布和松弛区域范围，获得决定锚杆长度的判断资料。围岩内部相对位移的测孔，一般与周边位移测线相应布置，以便使两项测试结果能够互相验证、协同分析和应用，围岩内部位移测孔布置如图 6.2.2 所示。

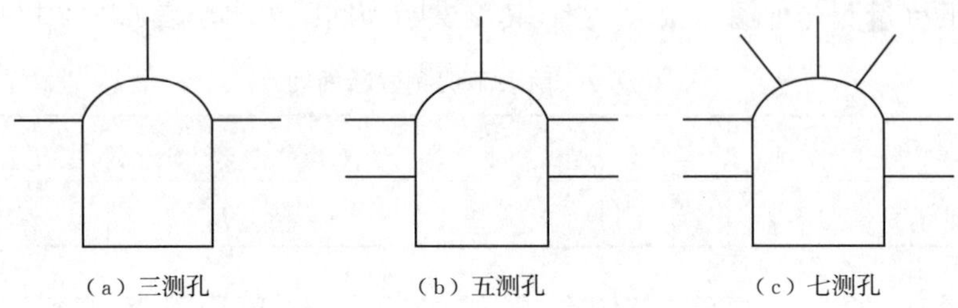

图 6.2.2 围岩内部位移测孔布置

4. 量测轴力的锚杆布置

量测轴力的锚杆在断面上的布置位置，要根据工程设计的支护锚杆位置来确定，一般可参照围岩内位移测孔布置。

5. 围岩压力及两层支护间压力

围岩压力及两层支护间压力量测可根据测试元件传感部分的放置部位和方向而定，一般情况下应在有代表性的部位布置测点，如拱顶、拱腰、拱脚（墙顶）、墙腰和墙脚等部位，并应考虑与锚杆应力量测作对应布置，压力量测点布置如图 6.2.3 所示。

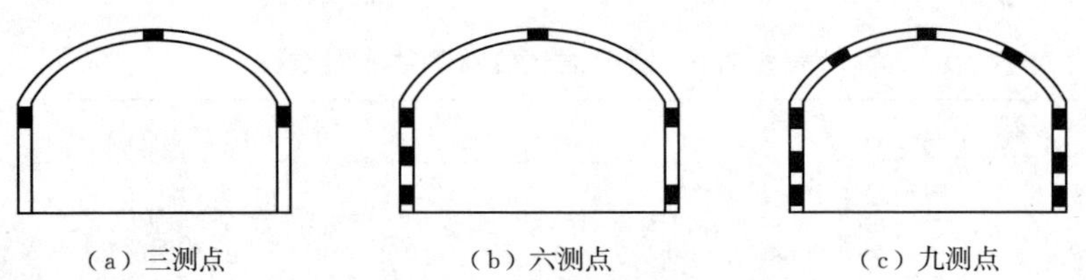

图 6.2.3 压力量测点布置

6. 地表、地中下沉的测点布置

浅埋隧道开挖时必然引起地面沉陷，量测的目的是了解地面下沉范围和量值、地面及地中下沉随工作面推进的规律、地面及地中下沉稳定的时间。

地表、地中下沉测点，应主要布置在洞室中轴线上方的地表或地中（钻孔中），在主点的横向上也应布置必要数量的测点，地表、地中下沉测点布置如图 6.2.4 所示。另外，在沉降区以外还应设置测点作为参照。

7. 声波测孔布置

声波测孔宜布设在有代表性的部位，声波测孔布置如图 6.2.5 所示，另外，还要考虑到围岩层理、节理的方向与测孔方向的关系。声波测孔布置可采用单孔、双孔两种测试方法；或在同一部位，呈直角相交布置三个测孔，以便充分掌握围岩结构对声波测试结果的影响。

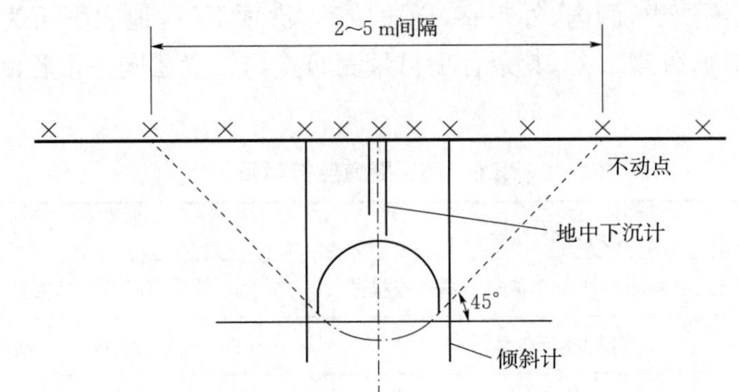

图 6.2.4　地表、地中下沉测点布置

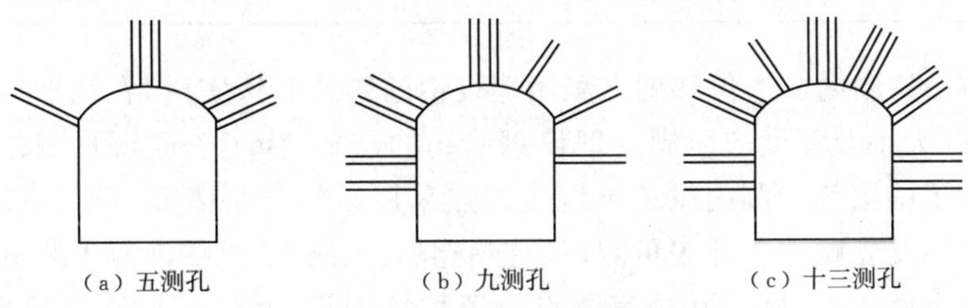

图 6.2.5　声波测孔布置

6.2.2　测试频率

周边位移量测和拱顶下沉量测的测试频率主要根据位移速度和量测断面到开挖面的距离而定，测试频率表可参阅表 6.2.4，若两者不一致时，原则上采用频率高的。整个断面内的各基线或测点应采用相同的量测频率，但各测点的位移不一定相同。此时，应以产生最大位移速度者来决定整个断面的量测频率。

表 6.2.4　测试频率表

位移速度(mm/d)	距开挖面距离(m)	测试频率
>10	0~1	1~2 次/d
5~10	2~3	1 次/d
1~5	2~5	1 次/2 d
<1	>5	1 次/周

6.2.3　典型案例

典型案例 1:百布隧道监控量测

百布隧道是位于广西壮族自治区百色市德保县的单洞单线铁路隧道，设计为Ⅱ~Ⅴ级围岩，以Ⅲ级围岩为主。隧道工程范围内地下水主要为岩溶水，在降水后一段时间内会有较大量的水下渗。

根据设计施工图要求，洞内、外观察，周边位移，拱顶下沉，地表下沉为本隧道监控量测的必测项目。除洞内、外观察外，其余各项目量测布点均设置在同一里程断面。隧道监控项目见表 6.2.5。

表 6.2.5 隧道监控项目

序号	项目名称	方法及工具	布　置
1	洞内、外观察	岩性、结构面产状及支护裂隙观察或描述	开挖后及初期支护前后进行
2	周边位移	各种类型收敛计	每 10～60 m 一个断面，每个断面设置 1～2 对测量点
3	拱顶下沉	水准仪、塔尺、钢尺或测杆	每 10～50 m 一个断面，每个断面设置 1 个测量点
4	地表下沉	水准仪、塔尺、钢尺或测杆	每 5～7 m 一个断面，每个断面设置 1 个测量点

(1)测点布置：洞内周边位移测点采用埋设钢筋钩的办法实现，在初期支护施作后，用风钻钻孔，钻孔大小及深度应能满足埋设钢筋钩的需要，为了不耽误量测作业，埋设钢筋钩时尽量采用了锚固剂。洞内拱顶下沉量测点采用砂轮机将表面打磨平整，然后贴上标有十字中心位的反光贴片。地表量测埋设钢筋混凝土测桩，钢筋混凝土测桩可先预制，其尺寸应满足稳定性要求，然后在地表测点位置挖坑埋设，测桩填设在该里程隧道开挖前 10 d 完成。

(2)仪器检验及测试：监控量测所使用仪器设备均在检定有效期内，并事先进行了仪器基本检查及精度测试。

(3)地质和支护状态观察：主要分两方面进行，一是掌子面围岩和隧道原地面分析，即隧道爆破开挖后要及时进行开挖面情况观察及分析，看围岩是否与设计相一致，以及地面渗漏水、开裂等情况。二是已作支护及衬砌地段目测观察，主要看锚杆松动及喷射混凝土开裂及掉块现象；有些特殊地段，二次衬砌施工后也会产生变形、开裂和破坏情况。

(4)地表下沉量测：地表下沉量测测点尽量设在隧道中线上，并与拱顶下沉测点设在同一断面上。为准确掌握地表沉降范围，在与隧道中线垂直的横断面地面上左、右各 16 m 范围内布置测点，间距为 2～5 m，每个断面 7 个测点。测量基准点设在隧道施工影响范围之外基岩或所埋设的测桩上。地表下沉量测现场量测如图 6.2.6 所示。

(5)周边位移量测：采用 SL-2 型收敛计进行量测。本隧道Ⅱ、Ⅲ级围岩地段均采用全断面开挖，在量测布点时只设置 1 条水平测线，Ⅳ级围岩采用上、下两台阶法开挖，在布设点位时均设置 2 条水平测线，即上台阶 1 条、下台阶 1 条。所有测线量测均在该处开挖后 12 h 内进行初次测量，现场记录数据，当天整理量测结果。

(6)拱顶下沉量测：拱顶下沉量测测点和地表下沉量测断面应在相同断面处，本隧道拱顶下沉采用徕卡全站仪进行三角高程测量。测量时基准点设在稳定的位置，洞口段可设在洞外稳定的基岩上，洞内基准点可设在已施工二次衬砌的时间达一周以上的边墙上，为了减少测量目标高度带来的误差，基准点及测点均采用反光贴片，每次测量时，均严格瞄准贴片的十字中心位置。拱顶下沉量测现场量测如图 6.2.7 所示。

图 6.2.6　地表下沉量测现场量测

图 6.2.7　拱顶下沉量测现场量测

地表下沉量测工作要做到衬砌结构封闭、下沉基本停止为止。其余各项目变形值很少时可适当减少量测次数，直到变形基本稳定后 2～3 周，可结束量测。

典型案例 2：六盘山隧道监控量测

宁夏回族自治区固原市六盘山隧道是 312 国道穿越六盘山的主干道，隧道设计为单洞分离式隧道，左、右线间隔 31～48 m，属于超长隧道。六盘山隧道处于弱透水性岩层中，伴有干湿、冻融交替的作用。拱顶下沉和周边位移是评价隧道安全状况的最直接数据，因而是必测项目，并且需要随着隧道的开挖全程连续进行监测，根据本项目的实际情况在Ⅳ级围岩区段按照每 30 m 布置一个断面，Ⅴ级围岩区段按照每 20 m 布置一个断面。地质和支护状态能够最直接的反应隧道开挖过程中围岩的变化情况，因而需要进行全程的跟踪调查与记录。除必测项目外，在高风险段落也进行了围岩压力的量测。

拱顶下沉及周边位移量测：根据断面大小和开挖方式布置周边位移测点和拱顶下沉测点，量测频率见表 6.2.6，其中 B 为洞室宽度。

表 6.2.6　量测频率

量测项目	量测频率					
	按量测时间				按收敛位移	按量测断面距开挖面距离
	1～15 d	16～30 d	1～3 个月	>3 个月		
周边位移及拱顶下沉	1～2 次/d	1 次/2 d	1～2 次/周	1～3 次/月	>10 mm/d，1～2 次/d 10～5 mm/d，1 次/d 5～1 mm/d，1 次/2 d <1 mm/d，1 次/7 d	<B，1～2 次/d (1～2)B，1 次/d (2～5)B，1 次/2 d >5B，1 次 7 d

围岩压力量测：主要量测围岩与初期支护结构之间及二次衬砌之间的相互作用力，以此评价支护结构的受力状况及合理性。在每一量测断面上，沿隧道周边拱顶、拱腰及边墙埋设

至少 5 个压力传感器，将钢弦式压力传感器分别埋设在围岩与初期支护之间及初期支护与二次衬砌之间。围岩与初期支护之间的压力盒是在喷射混凝土之前埋设，初期支护与二次衬砌之间的压力盒是在挂防水板之前进行安设，分别测取围岩对初期支护的压力及围岩对二次衬砌的压力。混凝土达到初凝强度后开始测取读数。每个断面至少 5 个量测位置，围岩压力和层间压力各 5 个测点，Ⅱ、Ⅲ级围岩只测二次衬砌承受的围岩压力，围岩压力测点布置如图 6.2.8 所示。

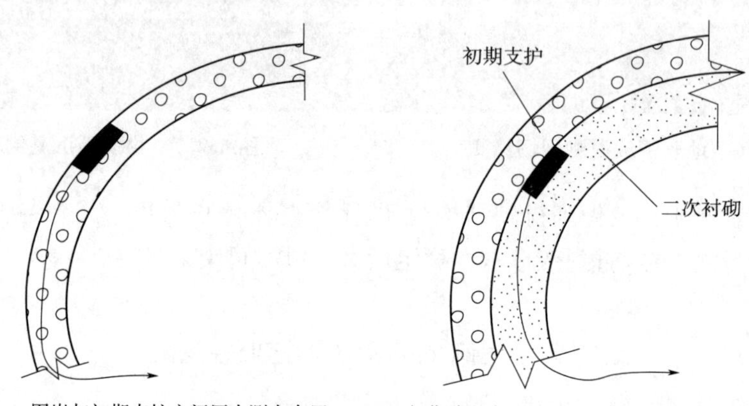

（a）围岩与初期支护之间压力测点布置　（b）初期支护与二次衬砌接触面测点布置

图 6.2.8　围岩压力测点布置

复习思考题

1. 围岩压力量测主要是量测哪两个部分?
2. 地表、地中下沉测点主要布置在什么位置?

任务 6.3　监控量测数据处理

现场量测完数据应及时整理，包括量测数据的计算、填表、制图、误差处理等，然后分析根据量测数据整理的相关图表，对支护及围岩状态、工法工序进行评价。

6.3.1　量测数据处理

1. 周边位移

在位移计安装完成后，利用弹簧秤和钢丝绳给钢尺施加固定的水平张力（弹簧秤拉力 90 N），并在百分表读得初始数值 X_0；因第一次量测的初始读数是关键性读数，应反复测读；用同样方法可读得间隔时间 t 后的 t 时刻的 X_{t1} 值，则 t 时刻的周边位移值 U_t 即为百分表两次读数差。

$$U_t = L_0 - L_t + X_{t1} - X_{t0} \tag{6.1}$$

$$X_{t1}=X_t+\varepsilon_t \tag{6.2}$$

$$X_{t0}=X_0+\varepsilon_t \tag{6.3}$$

$$\varepsilon_t=\alpha(T_0-\overline{T})L \tag{6.4}$$

式中 L_0——初读数时所用尺孔刻度值；
L_t——t 时刻时所用尺孔刻度值；
X_{t1}——t 时刻时经温度修正后的百分表读数值；
X_{t0}——t 时刻初读数时经温度修正后的百分表读数值；
X_t——t 时刻量测时百分表读数值；
X_0——初始时刻百分表读数值；
ε_t——温度修正值；
α——钢尺线膨胀系数；
T_0——鉴定钢尺的标准温度，$T_0=20$ ℃；
$\overline{T}$——每次测量时的平均气温；
L——钢尺长度。

每次测量时及时根据现场测量数据绘制时态曲线和空间关系曲线，及时进行量测数据的回归分析，以推求最终位移和掌握位移变化的规律。目前，常采用的回归函数如下：

对数函数

$$U=A+B\ln(t+1)\text{或}U=A\ln\left(\frac{B+T}{B+t_0}\right) \tag{6.5}$$

指数函数

$$U=A\mathrm{e}^{-B/t}\ \text{或}\ U=A(\mathrm{e_0}^{-Bt}-\mathrm{e}^{-BT}) \tag{6.6}$$

双曲函数

$$U=\frac{t}{A+Bt} \tag{6.7}$$

式(6.5)～式(6.7)中 U——变形值，mm；
A,B——回归系数；
t——量测时间，d；
t_0——测点初读数时距开挖时的时间，d；
T——量测时距开挖时的时间，d。

2. 围岩内部位移量测数据处理

数据整理方法同前，可整理出：

(1)孔内外各测点位移—时间关系曲线，即 u-t 曲线。

(2)不同时间位移—深度关系曲线，即 u-L 曲线。

3. 锚杆应力及锚杆抗拔力量测数据处理

数据整理应及时进行，主要应整理出以下内容：

(1)不同时间锚杆轴力—深度关系曲线，即 N-L 曲线。

(2)不同深度各测点锚杆轴力—时间关系曲线，即 N-t 曲线。

4. 压力量测数据处理

得到压力量测数据后，应及时将量测数据整理出相关图表，如接触应力分布图等。

5. 声波测围岩的弹性波速度

隧道工程中多采用单孔平透折射波法测试围岩在拱顶、拱脚、墙腰三个部位的径向纵波速度。根据测试记录应及时整理出每个测孔的波速与孔深关系(v_p-L)曲线图。

6.3.2 典型案例

典型案例：虎山隧道监控量测数据处理

虎山隧道位于山东省威海市境内，为双线隧道，隧道全长为 1.11 km，采用单口掘进的方式进行施工。在隧道初期支护完毕后根据围岩级别不同按要求埋设周边位移监测点和拱顶下沉监测点。

数据处理步骤如下：

①整理监控量测数据，求出量测值相对初始观测值的变化量。

②绘制位移 u 与时间 t 的散点图。

③进行回归曲线分析，确定极限收敛值，从而确定围岩是否稳定。

围岩稳定判断依据如下：

①拱顶下沉或周边位移有明显减缓趋势。

②周边位移(拱脚附近)速度小于 0.2 mm/d，拱部下沉速度小于 0.15 mm/d，围岩基本达到稳定。

③二次施工前的下沉量或位移量已经达到总下沉量或位移量的 90%以上。

根据量测数据绘制位移 u 与时间 t 的关系曲线，可以较直观地看出围岩位移变化的情况，并初步判定围岩是否趋于稳定或出现异常情况。根据回归分析结果选定代表测点的曲线方程，并可根据求导公式计算某一天的位移速率，也可根据极限公式计算其总位移量，通过代表测点的曲线函数方程可消除偶然误差，并推断出围岩的稳定情况，并且能够准确地估计二次衬砌施作的时机。

线性回归分析需要将回归函数转化为直线函数 $y=ax+b$ 的形式求出 a、b，并通过 a、b 换算出曲线函数常数 A、B 值。以指数函数为例，将指数函数表达式(6.6)转化为直线函数 $\ln u=\ln A+(-B)/t$，视 $\ln u$ 为 Y，$1/t$ 为 X，按直线方程进行回归计算，得到直线方程常数 a、b，并计算其相关系数 r，指数函数常数 $A=e^a$、$B=-b$，由此可得到指数函数方程。对式(6.5)、式(6.6)、式(6.7)函数进行回归分析后，根据三种曲线方程的相关系数 r，取 r 的绝对值最趋近于 1 的曲线方程代表所分析测点数据的变化情况，一般情况下所选择曲线函数的相关系数 r 的绝对值应大于 0.9。对于系数 a、b 用最小二乘法得

$$a=\frac{\sum y-b\cdot\sum x}{n}\qquad b=\frac{n\cdot\sum xy-\sum x\sum y}{n\cdot\sum x^2-\left(\sum x\right)^2}$$

相关系数为

$$r=\frac{n\cdot\sum xy-\sum x\sum y}{\sqrt{\{n\cdot\sum x^2-(\sum x)^2\}\{n\cdot\sum y^2-(\sum y)^2\}}}$$

以虎山隧道Ⅱ级围岩为例，Ⅱ级围岩施工方法采用全断面施工法。监控量测拱顶观测点为 A，周边位移测线为 B—C，其观测数据整理后见表 6.3.1。

表 6.3.1　A 累计下沉和 B—C 累计位移

时间 t(d)	1	3	5	7	9	11	13	15
A 累计下沉 u_1(mm)	2.45	5.02	7.11	8.19	8.76	9.01	9.20	9.29
$B-C$ 累计位移 u_2(mm)	2.74	6.6	8.76	9.8	10.34	10.57	10.76	10.83

(1)对拱顶(A)量测数据进行回归分析

①求解回归方程及相关系数 r：

指数函数 $u=9.977e^{(-1.554/t)}$　　　$r_1=-0.974$

对数函数 $u=11.563-3.13/\lg(1+t)$　　　$r_2=-0.968$

双曲函数 $u=\dfrac{t}{0.335+0.08\cdot t}$　　　$r_3=0.997$

②三种不同回归方程相关情况比较：

$|r_3|>|r_1|>|r_2|$，由于 $|r_3|$ 更接近于 1，所以双曲函数方程回归分析优选。

③计算曲线回归值，并以图表形式展现，A 累计下沉及曲线回归值见表 6.3.2。

表 6.3.2　A 累计下沉及曲线回归值

时间 t(d)	1	3	5	7	9	11	13	15
A 累计下沉 u_1(mm)	2.45	5.02	7.11	8.19	8.76	9.01	9.20	9.29
曲线回归值 $\bar{u}$(mm)	2.41	5.21	6.79	7.81	8.51	9.03	9.43	9.75

由此可得 A 累计下沉 u_1 和曲线回归值 $\bar{u}$ 与时间的关系图，如图 6.3.1 所示。

(2)对周边位移(B—C)量测数据进行回归分析

①求解回归方程及相关系数 r：

a. 指数函数 $u=11.97e^{(-1.528/t)}$　　　$r_1=-0.996$

b. 对数函数 $u=13.615-3.559/\lg(1+t)$　　　$r_2=1.054$

c. 双曲函数 $u=\dfrac{t}{0.287+0.0064t}$　　　$r_3=0.993$

②三种不同回归方程相关情况比较：

$|r_2|>|r_1|>|r_3|$，由于 $|r_1|$ 更接近于 1，所以指数函数方程回归分析优选。

③计算曲线回归值，并以图表形式展现，B—C 累计位移及曲线回归值见表 6.3.3。

由此可得 B—C 累计位移 u 和曲线回归值 $\bar{u}$ 与时间的关系图，如图 6.3.2 所示。

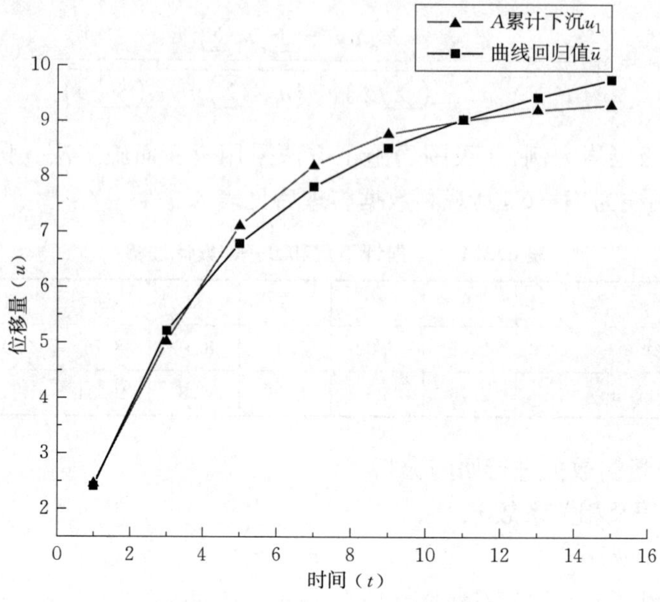

图 6.3.1 拱顶下沉变化关系

表 6.3.3 *B—C* 累计位移及曲线回归值

时间 t(d)	1	3	5	7	9	11	13	15
B—C 累计位移 u_2(mm)	2.74	6.60	8.76	9.80	10.34	10.57	10.76	10.83
曲线回归值$\bar{u}$(mm)	2.60	7.19	8.82	9.62	10.10	10.42	10.64	10.81

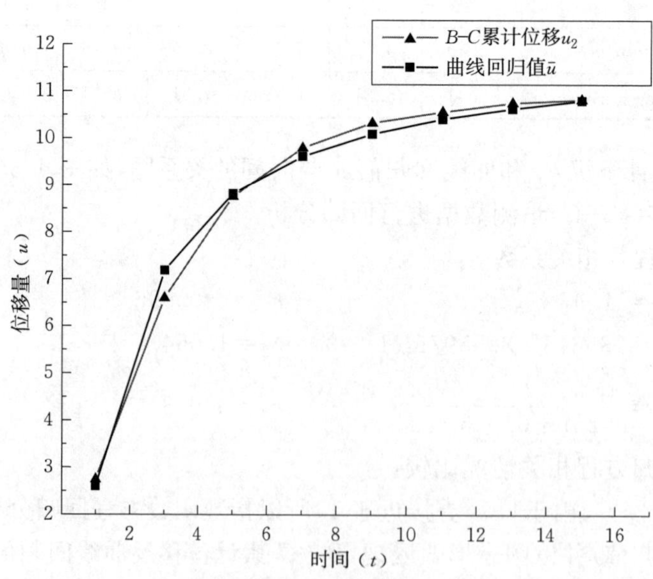

图 6.3.2 周边位移变化关系

由此可对拱顶进行曲线回归预测，下沉最大量 $u_{\max}=\lim\limits_{t\to\infty}f(t)=\dfrac{1}{B}=12.5$ mm，收敛值 $u=11.32$ mm，收敛率为 $u\%=u/u_{\max}\times100\%=90.85\%$，由此可得当第 32 d 时收敛率为 90.11%，且位移速度为 0.01 mm/d，符合拱顶下沉位移速率小于 0.15 mm/d，已趋于稳定。

同理，周边最大收敛量 $u_{\max}=11.97$ mm，临界条件时 $u=11.52$，收敛率为 $u\%=u/u_{\max}\times100\%=96.25\%$，根据以上结果可以得到当第 16 d 时收敛率为 90.89%，且位移速度为 0.03 mm/d，符合周边收敛位移速率小于 0.2 mm/d，已趋于稳定。

所以根据以上结果，此断面开挖第 32 d 后满足二次衬砌的施工要求，可以进行二次衬砌施工。

复习思考题

1. 监控量测数据分析包括哪些方面？
2. 如何利用线性回归分析求回归系数 A、B 和相关系数 r？
3. 目前数据处理常采用的回归函数有哪些？
4. 围岩稳定的判断依据有哪些？

任务 6.4　数据处理指导现场施工

通过对量测数据的分析和判断，指导隧道设计和施工，是现代隧道工程的重大进步和重要特征。但由于工程地质条件的多样性和隧道结构的复杂性，目前还没有成熟的分析方法和完整的分析体系。当前采用的量测数据反馈设计的方法主要是定性的，即依据经验和理论上的推理来建立一些准则。根据量测的数据和这些准则，判断围岩稳定性及支护系统的可靠性，继而调整施工措施和修正设计支护参数。

相关学习内容

6.4.1　反馈内容

1. 地质预报反馈

地质预报就是根据地质素描来预测预报开挖面前方围岩的地质状况，以便考虑选择适当的施工方案调整各项施工措施，包括：

(1)在洞内直观评价当前已暴露围岩的稳定状态，检验和修正初步的围岩分类。

(2)根据修正的围岩分类，检验初步设计的支护参数是否合理，如不恰当，则应予修正。

(3)直观检验初期支护的实际工作状态。

(4)根据地质预报，并结合对已作初期支护实际工作状态的评价，预先确定循环的支护参数和施工措施。

(5)配合量测工作进行测试位置选取和量测成果的分析。

2. 周边位移反馈

如前所述，周边位移是围岩动态的最显著表现，所以隧道工程现场量测主要以周边位移作为围岩稳定性评价及围岩稳定状态判断的指标。一般而言，隧道开挖后，若围岩位移量小、持续时间短，其稳定性就好；若位移量大、持续时间长，其稳定性就差。

用围岩的位移来判断其稳定状态，关键是要确定一个"判断标准"（或称为"收敛标准"），即判断围岩稳定与否的界限。它包括三个方面：位移量（绝对或相对）、位移速率、位移速率变化趋势。根据我国《公路隧道施工技术规范》（JTG/T 3660—2020）确定了以下几个判定指标，可供参考和指导施工。

（1）根据位移管理等级判断：实测位移值不应大于隧道的极限位移，位移管理等级见表 6.4.1。一般情况下，将隧道设计的预留变形量作为极限位移，设计变形量应根据检测结果不断修正。

表 6.4.1　位移管理等级

管理等级	管理位移(mm)	施工状态
Ⅲ	$u<(u_0/3)$	可正常施工
Ⅱ	$(u_0/3)\leqslant u\leqslant(2u_0/3)$	应加强支护
Ⅰ	$u>u_0/3$	应采取特殊措施

注：u—实测位移值；u_0—设计极限位移值。

（2）根据位移速率判断：一般情况速率大于 1.0 mm/d 时，围岩处于急剧变形状态，应加强初期支护；速率变化在 0.2～1.0 mm/d 时，应加强观测，做好加固的准备；速率小于 0.2 mm/d 时，围岩达到基本稳定。

（3）根据位移速率变化趋势判断：当围岩位移速率不断下降时，围岩处于稳定状态；当围岩位移速率保持不变时，围岩尚不稳定，应加强支护；当围岩位移速率上升时，围岩处于危险状态，必须立刻停止掘进，采取应急措施。

围岩不稳定时可采取的措施包括：增强锚杆、加钢筋网喷射混凝土、加钢支撑、增设临时仰拱、缩短从开挖到支护的时间、提前打锚杆。按新奥法施工原则，当围岩或围岩加初期支护后基本达成稳定时，就可以施作二次衬砌。

3. 地表下沉反馈

地表下沉的监控量测对于地面有建筑物的浅埋隧道和城市地下通道尤为重要，如果量测结果表明地表下沉量不大，能满足限制性要求，则说明支护参数和施工措施是适当的；如果地表下沉量大或出现增加的趋势，则应加强支护和调整施工措施，如适当加喷混凝土、增设锚杆、加钢筋网、加钢支撑、超前支护等，或缩短开挖循环进尺、提前封闭仰拱，甚至预注浆加固围岩等。

另外，还应注意对浅埋隧道的横向地表位移观测。横向地表位移带发生在浅埋偏压隧道工程中，其处理较为复杂，应加强治理偏压的对策研究。

4. 围岩内部位移反馈

与周边位移同理，如果实测围岩的松动区超过了允许的最大松动区（该允许松动区半径与允许位移量相对应），则表明围岩已出现松动破坏，此时必须加强支护或调整施工措施以控制松动范围。如加强锚杆(加长、加密或加粗)等,一般要求锚杆长度大于松动区范围。如果与以上情形相反,甚至锚杆后段的拉应力很小或出现压应力时,则可适当缩短锚杆长度、缩小锚杆直径或减小锚杆数量等。

5. 锚杆轴力反馈

锚杆轴力是检验锚杆效果与锚杆强度的依据,根据锚杆极限强度与锚杆应力的比值 K(安全系数)即能作出判断。锚杆轴应力越大,则 K 值越小。一般认为锚杆局部段 K 值稍小于1是允许的,因为钢材有一定的延性。根据实际调查发现锚杆轴应力在洞室断面各部位是不同的,表现为:

(1)同一断面内,锚杆轴应力最大者多数在拱部45°附近到起拱线之间。

(2)拱顶锚杆,不管周边位移值大小如何,出现压应力的情况是较多的。

锚杆的局部段 K 值稍小于1的允许程度要求不超过锚杆的屈服强度。若锚杆轴力超过屈服强度,则应优先考虑改变锚杆材料,采用高强钢材。增加锚杆数量或锚杆直径也可获得降低锚杆轴力的效果。

6. 围岩压力反馈

由围岩压力分布曲线可知围岩压力的大小及分布状况。围岩压力的大小与初期支护的功效、围岩位移量、内层衬砌的施作时机以及内层衬砌的刚度密切相关。

(1)如果变形量不大,但围岩压力较大,则表明初期支护的能力稍显不足,或者内层衬砌的施作时机尤其是封闭时间可能过早,或者内层衬砌的刚度较大,致使储备的内层衬砌的承载能力提前发挥作用。

(2)如果变形量不大,且围岩压力较小,则表明初期支护的能力足够,内层衬砌的施作时机尤其是封闭时机恰当,无需提前调用储备的内层衬砌的承载能力。

(3)根据我国铁路部门在下坑隧道、大瑶山隧道、金家岩隧道和柴家坡隧道等几座铁路隧道长期观测的结果得出:当位移速率小于1～2 mm/年时,就认为内层衬砌是稳定的。

7. 声波速度分析与反馈

围岩的声波速度综合地反映了岩体的物理力学特征和动态变化。根据 v_p-L 曲线可以确定围岩松动区的范围,工程中应注意将此结果与围岩内位移量测资料相对照,综合分析和判断围岩的松弛情况,以便给修正支护参数和调整施工措施提供依据和指导。

6.3.2 典型案例

典型案例:孔家营隧道监控量测

孔家营隧道地处祁吕—贺兰山字形构造前弧西翼与河西系武威—兰州构造带的复合部位。隧道进出口沟谷切割较深、坡度较陡,洞身区地形较平缓,隧道起讫里程约为DK12＋867～DK15＋826,全长2.959 km,为双线隧道。

根据隧道的山体地形地貌特征和埋设条件,在隧道纵深开挖过程中挑选了纯黄土断面DK14＋190、黄土加圆砾土断面DK14＋240、黄土加圆砾土加基岩断面DK15＋175、圆砾土加基岩断面 DK15+226 四个不同地层组合断面进行现场监控量测，主要检测项目有拱顶下沉和周边位移、围岩位移、围岩压力以及初期支护与二次衬砌间应力。

孔家营隧道拱顶下沉以及周边位移数据见表 6.4.2。表 6.4.2 中测线 1—2 为拱肩处横向位移，测线 3—4 为拱腰处横向位移。从不同地层断面的拱顶沉降监测数据可以看出，DK15+226 圆砾土软岩断面拱顶下沉累计值最大，其次为 DK14+190 黄土地层断面和 DK15+175 黄土圆砾土基岩断面，DK14+240 黄土圆砾土断面拱顶下沉累计值最小。这是因为圆砾土结构松散，在开挖后拱顶失去约束后会有较大的下沉，而与圆砾土接触的阶地黄土层固结程度高，而且阶地黄土层中存在层状半成岩砂岩，这种板状结构起到了支撑作用，所以拱顶沉降较小。因此，施工时要注意控制圆砾土拱顶下沉。

表 6.4.2　孔家营隧道拱顶下沉及周边位移数据

监测断面	测线	最大收敛位移(mm)	累计收敛位移(mm)
DK14+190	拱顶	6.0	26.9
	测新 1—2	5.5	38.7
	测线 3—4	5.0	23.4
DK14+240	拱顶	5.2	20.4
	测新 1—2	4.9	32.0
	测线 3—4	5.6	30.1
DK15+175	拱顶	5.4	24.9
	测新 1—2	5.4	33.5
	测线 3—4	4.8	22.6
DK15+226	拱顶	5.1	27.4
	测新 1—2	5.5	29.8
	测线 3—4	3.7	14.4

从不同地层断面的周边位移监测数据可以看出，DK14+190 黄土地层断面围岩的位移最大，而 DK15+226 圆砾土软岩断面围岩的位移最小。这是因为相对黄土和圆砾土，软岩岩体结构致密、强度高，因此水平变形相对较小，而阶地黄土和圆砾土为主的断面水平变形较大。

图 6.4.1～图 6.4.4 为不同地层围岩应力时间曲线。从图 6.4.1 和图 6.4.3 可以看出，阶地黄土圆砾土地层断面和阶地黄土圆砾土软岩地层断面围岩应力分布规律和阶地黄土地层断面基本相似，但是右拱腰应力收敛较慢，说明在阶地隧道中，出现圆砾土地层时，偏压作用会表现的更明显。从图 6.4.4 可以看出，阶地圆砾土软岩地层断面围岩应力和前者明显不同。初期支护后拱顶存在较大的压应力，随后逐渐减小并且稳定；而左拱腰和右拱肩在支

护初期随着拱顶应力减小而增大,随后收敛。这说明当阶地隧道断面上部存在圆砾土时,由于圆砾土结构松散,自稳能力差,在开挖失去约束后在拱顶产生较大的围岩压力,同时由于下部具有较高强度的软岩的约束作用,围岩应力重新调整后在圆砾土中产生近水平向的压应力集中。

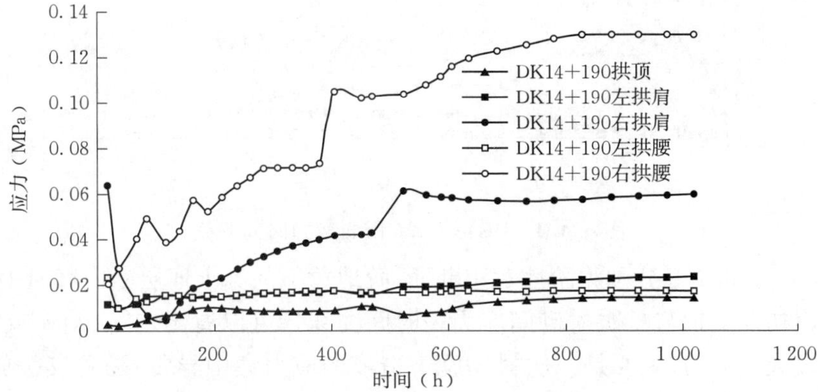

图 6.4.1 DK14+190 围岩应力时间曲线

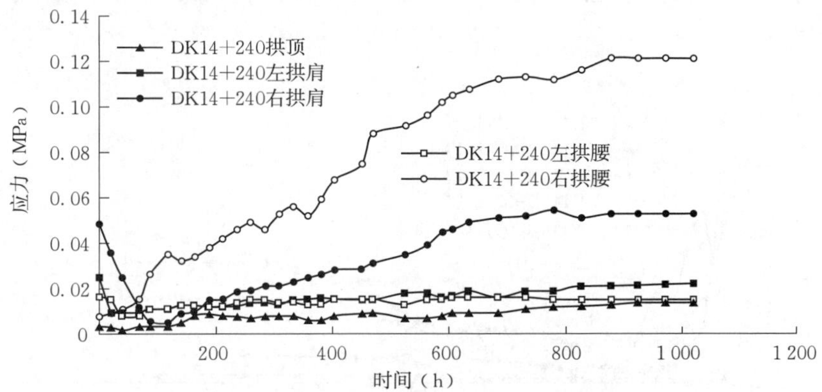

图 6.4.2 DK14+240 围岩应力时间曲线

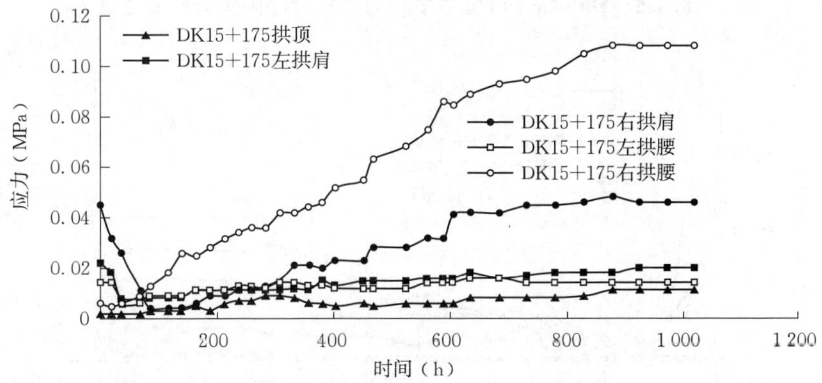

图 6.4.3 DK15+175 围岩应力时间曲线

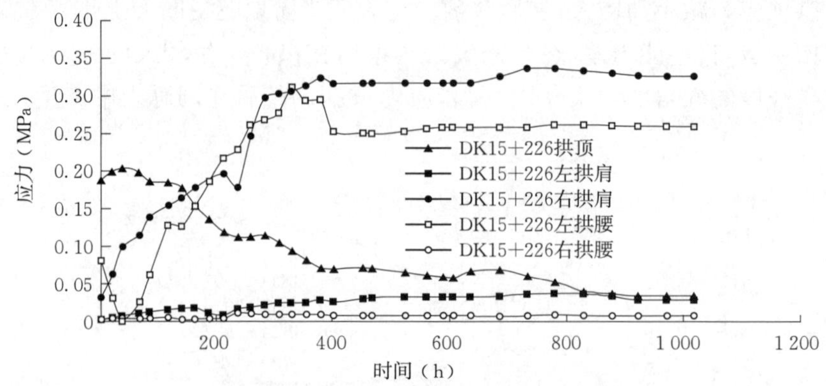

图 6.4.4 DK15+226 围岩应力时间曲线

图 6.4.5～图 6.4.8 分别为阶地黄土断面、阶地黄土圆砾土地层断面和阶地黄土圆砾土软岩地层断面初期支护与二次衬砌间应力—时间曲线。可以看出，二次衬砌支护初期拱腰和拱肩具有较大的应力，主要是二次衬砌施工造成的应力集中异常，随着支护施工完成，应力逐渐下降。拱顶应力基本稳定，但偏压造成的右拱腰拱肩的应力较大，但相对于初期支护和围岩间的应力，其应力分布基本均衡，可见尽早施作二次衬砌可以很好地控制偏压对隧道稳定性的影响。

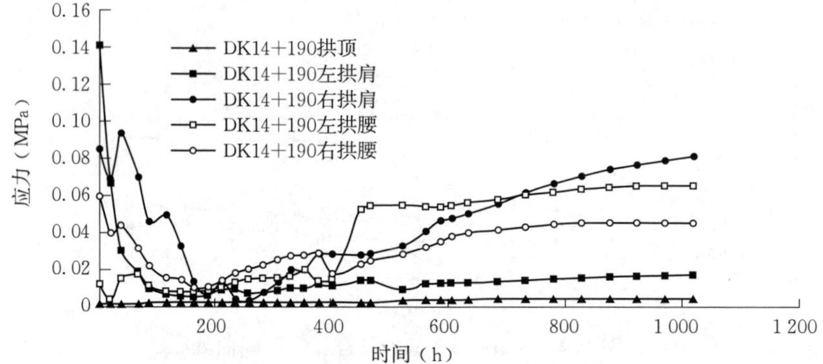

图 6.4.5 DK14+190 初期支护与二次衬砌间应力时间曲线

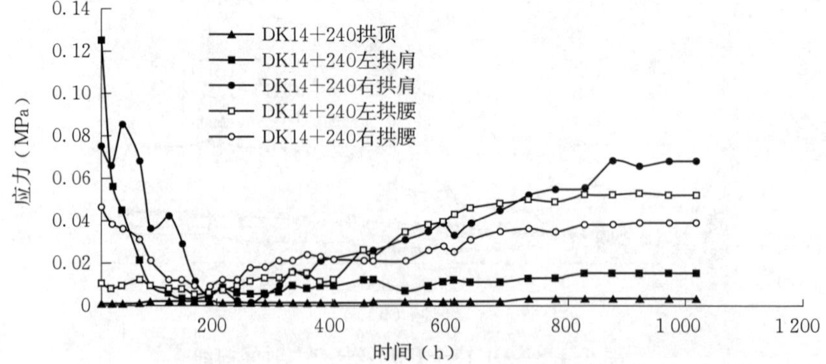

图 6.4.6 DK14+240 初期支护与二次衬砌间应力时间曲线

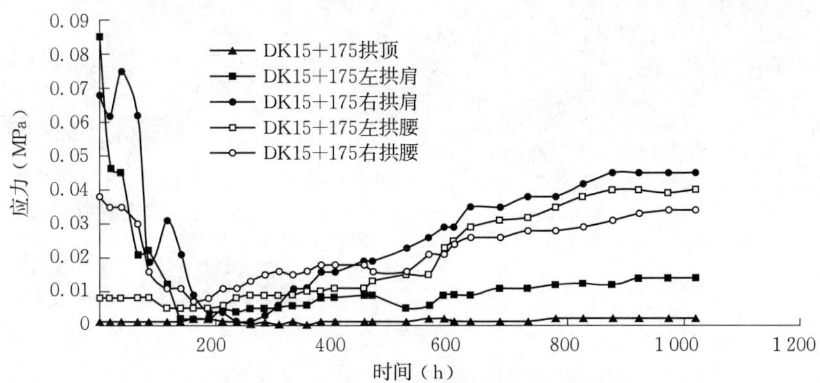

图 6.4.7　DK15+175 初期支护与二次衬砌间应力时间曲线

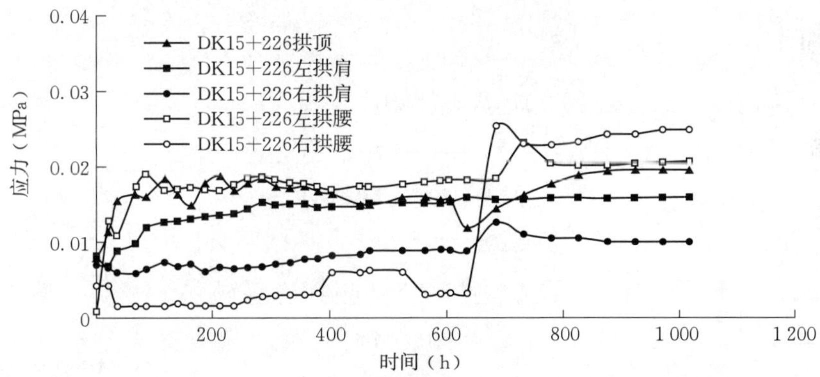

图 6.4.8　DK15+226 初期支护与二次衬砌间应力时间曲线

复习思考题

1. 地质预报反馈包括哪几个方面？
2. 围岩不稳定时可采取哪些措施？
3. 围岩压力的大小与哪些因素有关？
4. 如果测得地表下沉量大或有增加的趋势，应采取哪些措施？
5. 如果实测围岩的松动区超过了允许的最大松动区，应该采取哪些措施？

项目7

隧道施工新技术

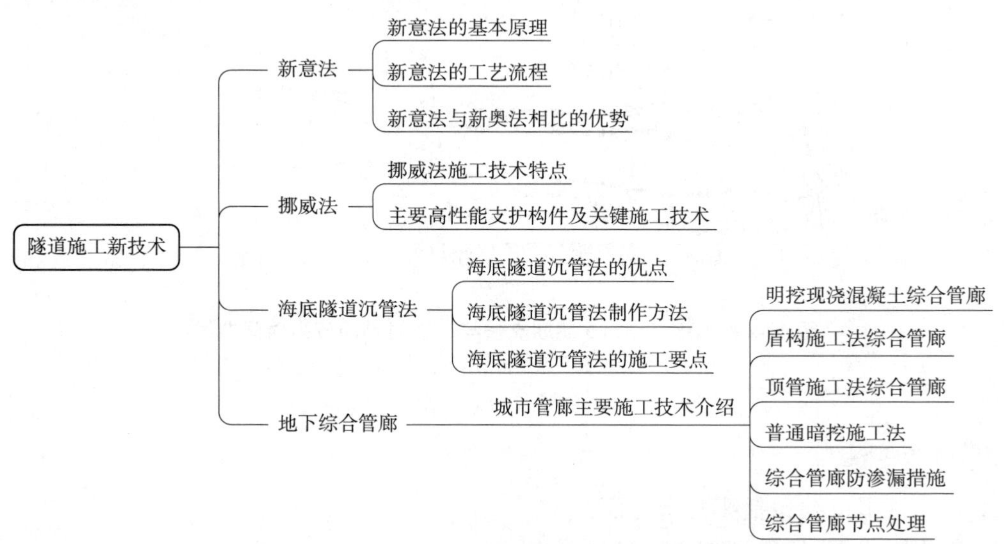

知识目标

1. 了解隧道施工新技术的定义；
2. 了解几种隧道施工新技术的优缺点；
3. 掌握隧道施工新技术的施工工序；
4. 熟悉各种隧道施工新技术的特点及其适用范围。

能力目标

1. 能够针对不同的工况条件，选择适合的新技术进行施工；
2. 能够以新技术为主制定隧道施工方案；

3. 能够对新施工技术中可能产生的灾害提出预防方案；
4. 能够灵活运用行业标准、规范。

素质目标

1. 树立爱岗敬业、吃苦耐劳、勇于创新的工作作风；
2. 培养分析问题和解决问题的水平；
3. 培养严谨务实、统筹兼顾的大局观；
4. 培养协同合作的团队精神。

任务7.1 新 意 法

新意法是岩土控制变形的分析法，目前国内隧道一般采用的施工开挖方法都是以新奥法为基础，新奥法在我国应用理论和实践均比较成熟，但是以新奥法为基础的施工工法无法兼顾施工安全、施工速度和工程造价，尤其是面对极为困难的应力—应变条件下的隧道施工的帮助不是很大。针对软弱围岩隧道施工的施工方法，在地质情况相对较差且复杂度较高的环境下进行隧道建设，采用新意法进行工程设计与施工，除了能对工程的整体质量、进度及安全进行有效控制，还能降低风险与造价，具有比传统新奥法更好的效果和适用性。

7.1.1 新意法基本原理

新意法认为，隧道结构承受最大应力阶段是在隧道开挖施工过程中，并不是施工完成后，在开挖施工阶段，围岩应力沿着隧道开挖轮廓线在原基础上形成“拱部效应拱”，并形成应力增加带。

隧道随着径向压力拱形成的同时，而形成纵向压力拱效应，且纵向压力拱的高度主要受前方岩体和后方支撑的影响。纵向压力拱位置随着隧道施工开挖及支护的进行而变化，双拱形成的示意如图7.1.1所示。

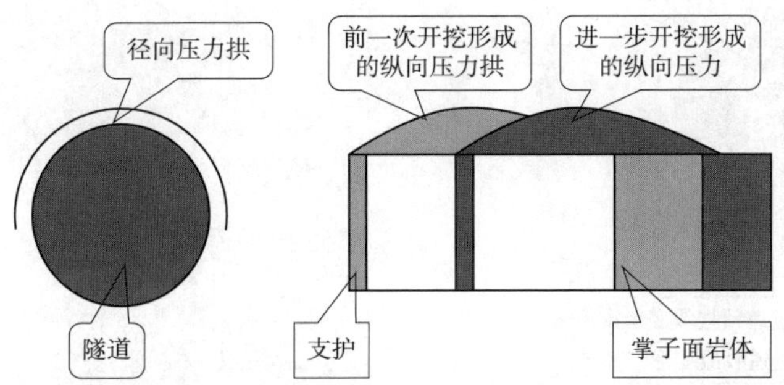

图7.1.1 双拱形成的示意

假设隧道拱部效应随隧道开挖轮廓发展而变化，隧道结构整体性以及寿命主要受施工开挖阶段的隧道整体强度影响，压力拱根据岩土的强度变形和地应力实际大小分为三种状态:在近部立即形成(稳定)、在远离隧道源部形成(短期稳定)、不能形成(不稳定),拱部效应如图 7.1.2 所示。基于此,在采用新意法进行隧道施工时,根据施工的不同阶段一般可以将隧道的变形分为以下三类:预收敛变形、挤出变形和收敛变形,如图 7.1.3(a)所示。在隧道开挖过程中,由于对上述三种变形的控制不到位,往往会产生诸多不利后果,如围岩坍塌、地层变形较大等,以致造成安全隐患。三种变形的演变过程如图 7.1.3(b)所示。

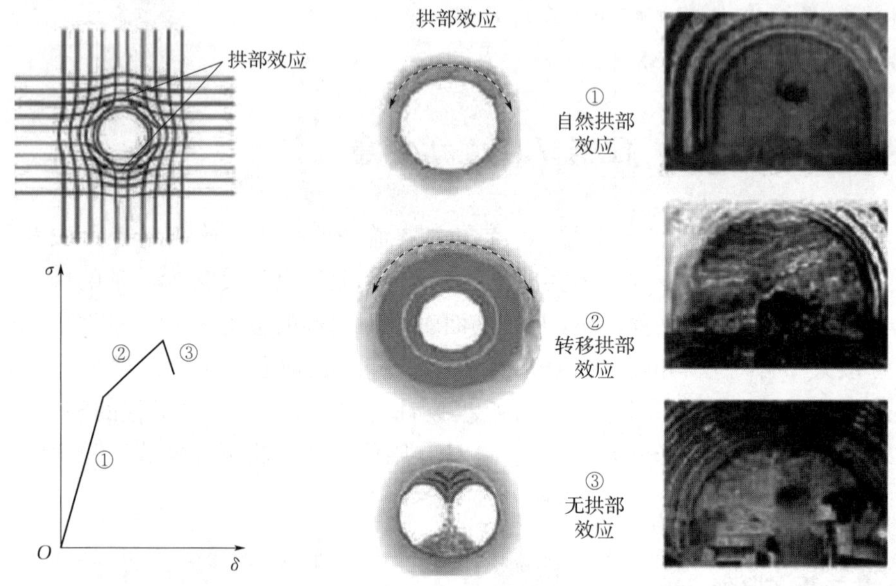

①—接近隧道开挖轮廓面；②—远离隧道开挖轮廓面；③—不存在。

图 7.1.2　拱部效应

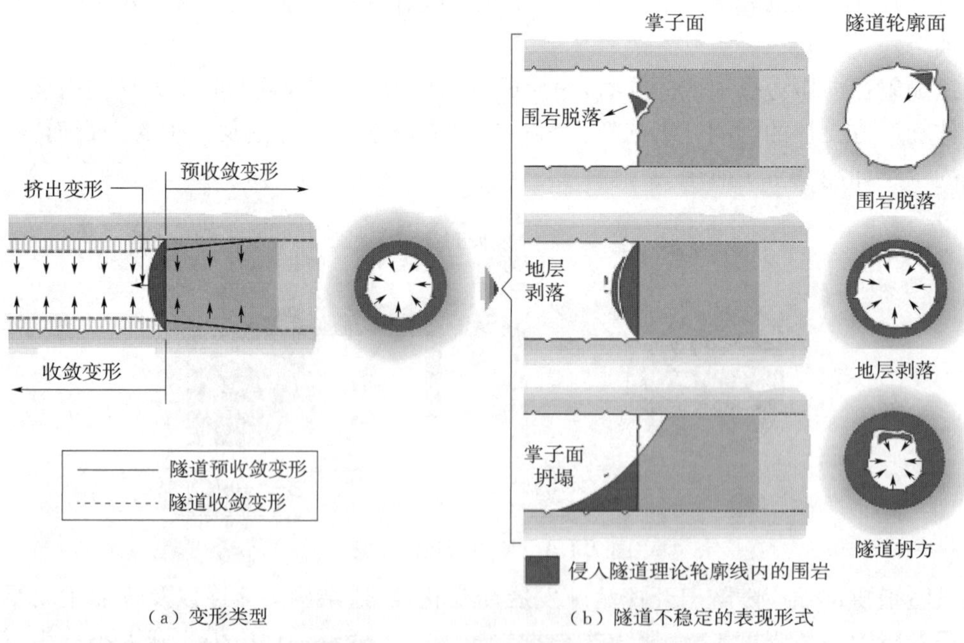

(a) 变形类型　　(b) 隧道不稳定的表现形式

图 7.1.3　隧道变形的类别与隧道不稳定的演变过程

新意法的核心思想：隧道施工开挖过程中变形稳定（包括开挖后的收敛变形、掌子面挤出变形和前方预收敛变形）的关键是隧道掌子面超前核心土的强度和刚度。可通过支护措施加固掌子面超前核心围岩，控制掌子面超前核心土变形，从而控制隧道围岩的收敛变形。

7.1.2 新意法工作流程

工程设计师通过对岩层地质等情况深入勘察分析而预判出掌子面超前核心土的稳定性，并且进一步把隧道分为A、B和C类变形形态。对于相同的基本应力—应变状态的隧道区段，通过新意法可以确定控制掌子面围岩变形的支护方式。新意法的另外一大优势是，该方法可以在不同的岩层类型下，通过对掌子面的稳定性和变形特征，选取适应于该岩层的断面形式和支护方式，进而得到隧道开挖工程中每延米工程量所需时间及预算，同时在确定隧道断面参数之后，保持动态监控量测。

1. 勘察阶段

地质勘查是隧道工程建设的第一步，在此过程中，必须收集地层类型、水文特征、地质情况、岩性状态等信息，从而获取该区域隧道围岩的设计参数。

勘察阶段主要可以划分为两个阶段：第一阶段，分析评估隧道沿线的地质情况，对其有一个宏观认识；第二阶段，即勘察试验阶段，主要是对隧道沿线的土体、岩体进行采样，并通过一系列试验分析，对隧道的地质情况进行更加深入的探究。

2. 诊断阶段

在诊断阶段，工程设计师在勘查资料的基础上，结合新意法理论，预测围岩对隧道开挖的变形反应，且把整个隧道划分成应力应变状态相同的几个部分（A类：掌子面稳定；B类：掌子面短期稳定；C类：掌子面不稳定）。

3. 处治阶段

根据诊断阶段对隧道处于不同应力—应变状态划分的不同类别，采取对应的不同加固措施，从而使隧道变形处于完全稳定状态。当隧道掌子面的变形状态为A类时，一般采取简单的加固措施进行围护，保证隧道处于稳定状态；当隧道掌子面变形状态处于B类时，根据相应的施工要求和现场的实际条件，可以采取简单的加固措施或者超前加固约束措施，保证隧道处于稳定状态；当隧道掌子面变形状态处于C类时，必须采取超前加固措施辅以简单加固措施来保证隧道处于稳定状态。

7.1.3 新意法与新奥法相比的优势

新奥法仅对掌子面的后方地层变形反应进行分析；而新意法是在新奥法的基础上，对掌子面及掌子面超前地层的变形反应作出预判和分析，其优势主要如下：

(1)新意法的应用范围相比新奥法更广。新意法更加注重隧道超前核心土的保护，并且在设计和施工过程中对不同变形形式的超前核心土采取合理的加固措施，因此，对于极为困难的应力应变条件下的施工难题，采用新意法可以在很大程度上得到有效解决。

(2)新意法在处理比较复杂的地质条件时也具有很大的优势。由于加固的超前核心土具有良好的稳定性状态，为大型机械化作业创造了条件。

(3)新意法对工程造价和工期具有较好可控性。新意法在勘察、设计阶段已经做了大量充分的准备工作,对岩层特性分析和后续措施处理考虑得比较充分,从而确保了后续施工的可持续性,因而工期和总造价具有较高的可控性。

(4)新意法相比其他施工工法具有更高的安全性。对仰拱紧跟掌子面、超前核心土的加固和监控等措施的应用,可以减少一些地质灾害(如塌方等)的发生。

(5)降低隧道后期维护成本。新意法强调的核心思想是利用超前核心土来限制围岩的预收敛,从而减小了原岩应力重分布的波及范围及塑性区范围,更好地保持了原岩状态,减小运营期隧道病害发生的可能性,从而降低后期维护成本。

7.1.4　典型案例

典型案例:胡麻岭特长隧道软弱地质开挖施工

胡麻岭特长隧道是兰渝铁路 LYS-1 段的关键线路控制性工程,位于甘肃省榆中县与定西市之间,全长 1.361 km,为双大断面,开挖断面约 135 m^2。该隧道原设计 4 座斜井,为解决工期问题,经相关部门批准,先后增加 5 号、8 号斜井和 7 号竖井。胡麻岭隧道辅助坑道设置示意如图 7.1.4 所示。

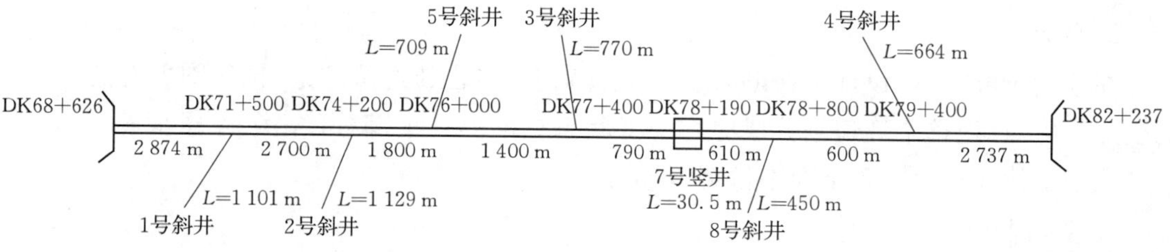

图 7.1.4　胡麻岭隧道辅助坑道设置示意(6 斜 1 竖)

胡麻岭隧道原设计地质以泥岩、砂岩夹泥岩、砾岩为主,施工正洞 3.25 km 穿越第三系富水粉细砂地层,该地层呈浅红色,粉细粒结构,成岩性差,泥质弱胶结,局部形成钙质半胶结或胶结的透镜体,岩质极软。

(1)工程不利情况

胡麻岭隧道遇见的工程不利情况见表 7.1.1。

表 7.1.1　胡麻岭隧道遇见的工程不利情况

洞外不利情况	洞内不利情况
1. 第三系富水粉细砂地层中有 1.75 km 轨面标高低于石门水库水面标高(图 7.1.5)。 2. 第三系富水粉细砂地层中有 140 m 下穿水库、99 m 下穿河流。	1. 围岩渗透系数小,水位高(地表水位在拱顶以上 40 m),且有水源补给,降水难度大。 2. 掌子面渗水,围岩软化,开挖时围岩层层剥离,钢架无法抵抗围岩压力,易造成初期支护沉降变形,拱腰渗水涌泥如图 7.1.6 所示、掌子面涌泥如图 7.1.7 所示。

续上表

洞外不利情况	洞内不利情况
3. 隧道穿越区域水位高，在砂岩段查出很多地表洞穴，地表水可不经渗透直接灌入。 4. 定西市处于地震连发带，受地震连发带影响，区域内裂隙较多，为空隙裂隙水提供了通道	3. 经常出现水囊，且随机出现，无法准确判断出现的位置。水囊是裂隙水连通的饱和未固结粉细砂，开挖后受重力和水压的作用突然涌出，形成突水涌砂，造成掌子面后方未封闭的初期支护突然变形，水囊形成的空腔如图 7.1.8 所示，边墙水囊如图 7.1.9 所示。 4. 裂隙水将围岩中的细颗粒带走，初期支护背后脱空，围岩松动圈加大，从而造成初期支护变形，核心土崩塌如图 7.1.10 所示，裂隙水将围岩中细颗粒带走如图 7.1.11 所示

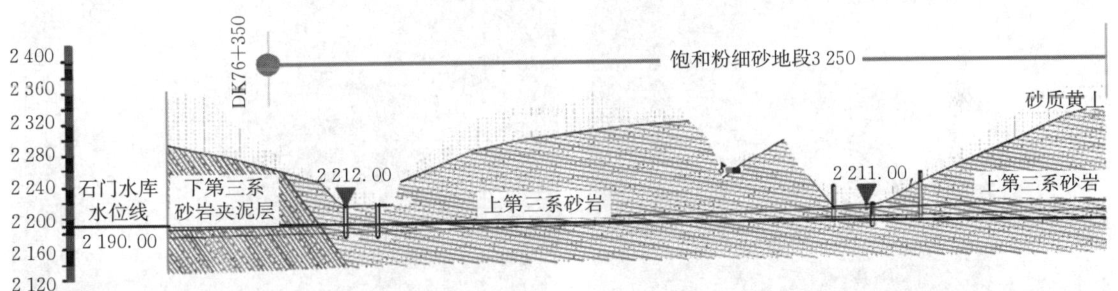

富水性划分	富水区	
坡　　度	13/2 350	12.8/2 150
里　　程		

DK76+950

图 7.1.5　石门水库水位标高与隧道标高示意(单位:m)

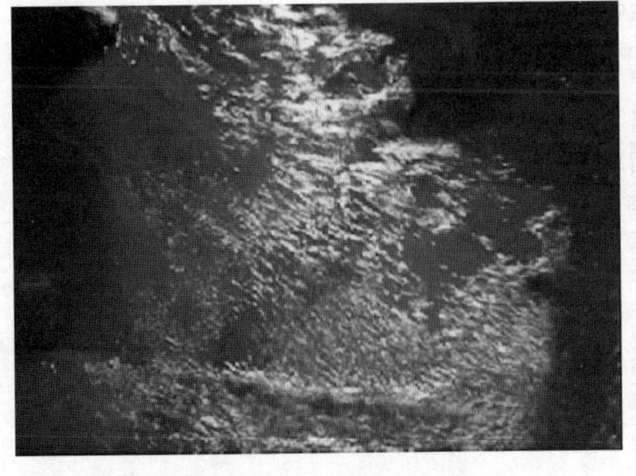

图 7.1.6　拱腰渗水涌泥

图 7.1.7　掌子面涌泥

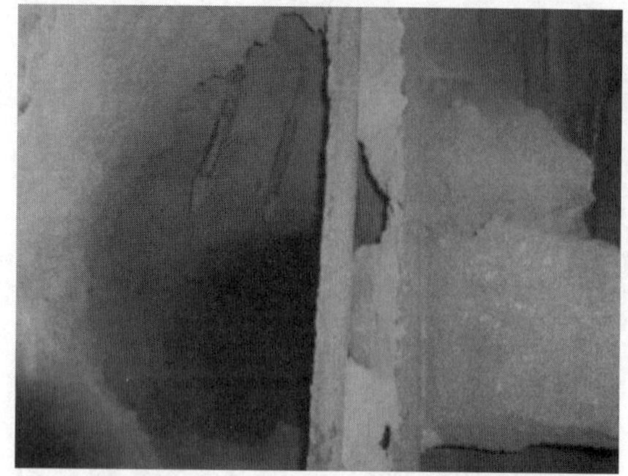

图 7.1.8 水囊形成的空腔

图 7.1.9 边墙水囊

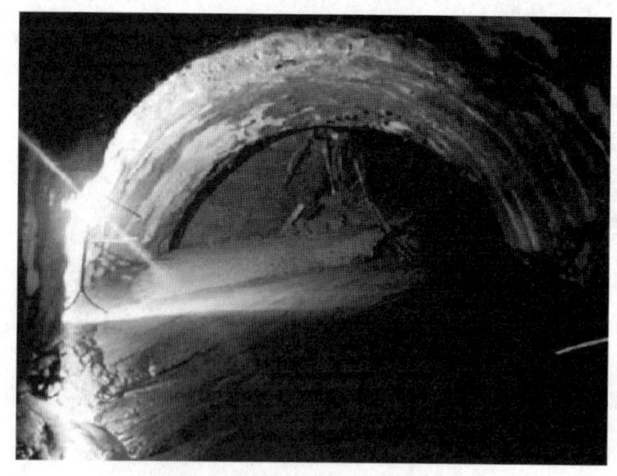

图 7.1.10 核心土崩塌

图 7.1.11 裂隙水将围岩中细颗粒带走

在这种特殊砂岩中修建隧道存在施工安全风险高、工期严重滞后、施工成本不可控等诸多风险。

(2)胡麻岭隧道建造工法和主要工程措施选择

在工法选择上,开挖选择 CRD 工法,双层密排小导管超前预支护,钢架、锚杆、钢筋网、喷射混凝土采用双层初期支护体系;降水工法,在轻型井点降水、重力降水的基础上,形成重力深井真空降水技术,解决渗透系数小、降水困难等问题;注浆工法,建立在查阅诸多注浆理论的基础上加上现场大量试验,采用常压双液劈裂注浆技术。

胡麻岭隧道第三系富水低渗透性粉细砂地层施工中采用 6 部 CRD 工法,并辅助双液回退注浆和综合降水技术,现场安全质量可控。

复习思考题

1. 简述新意法的基本概念。
2. 为什么新意法比新奥法在某些条件下更适用?

3. 浅谈你对新意法的认识。

4. 新意法适用于哪种工程地质条件？

5. 新意法施工需要注意什么？

6. 新意法和新奥法以及其他方法的不同点在哪里？

任务 7.2　挪　威　法

挪威法由正确的围岩评价、合理的支护参数和高性能的支护材料三部分组成的一种经济而安全的隧道施工方法，它适用于公路隧道、铁路隧道、水工隧道及大型地下工程。正确的围岩评价体系主要是采用 Q 系统，即用巴顿法进行围岩分级。合理的隧道支护结构参数，是通过隧道施工中的观测和量测记录所求出的 Q 值来选择的，其中包括各种支护结构体系的数值解析检算。

相关学习内容

挪威法在建设理念方面与新奥法有诸多相似之处，均将岩体自身的承载作用作为基础理论，而支护只作为加固岩体的辅助手段。挪威法施工技术具有建设成本低、施工快捷、维修方便等特点，被证实是一种高效的隧道施工技术，特别是在中硬至硬岩隧道建设中显示出无可替代的优越性。挪威法特别重视爆破后的地质观测工作，由工程师对掌子面及其附近的地质情况进行观测，计算出岩石质量 Q 值，并依据观测结果和 Q 值，对支护结构进行合理设计，真正做到了信息化施工和动态监测施工。挪威法施工技术特色不仅体现在 Q 值法的应用上，还包括离散单元法、风险分享系统以及其他施工管理技术的应用。

7.2.1　挪威法施工技术特点

挪威法特别强调施工前的两次地质勘探工作，占据工程总投资的 3%～5%。由于挪威法减少了超前地质预报环节，所以减少了原型观测工作量，无需进行二次衬砌，可降低工程建设成本的 20%～30%。

从新奥法、挪威法及岩土变形控制分析法的发展历程可知，挪威法和岩土变形控制分析法均是以新奥法为基础，再经过各国自身地质及工程特性发展演变而来。各种设计理念除具有新奥法特性之外，均具有自身的侧重点，如挪威法强调锚喷一次支护(单层衬砌)作为永久支护，湿喷钢纤维混凝土及新型耐久性 CT 锚杆为主要的隧道支护手段；岩土变形控制分析法则强调超前核心土的重要作用，认为超前核心土的变形是导致隧道所有变形的真正起因，且能够决定隧道长期和短期的稳定性。

挪威法以纤维喷射混凝土和锚杆作为主要支护方式，施工方式以机械化快速施工为主，要求开挖后以最短时间进行支护，从而减少围岩变形的发生。纤维喷射混凝土与钢筋网喷射混凝土效果对比如图 7.2.1 所示。

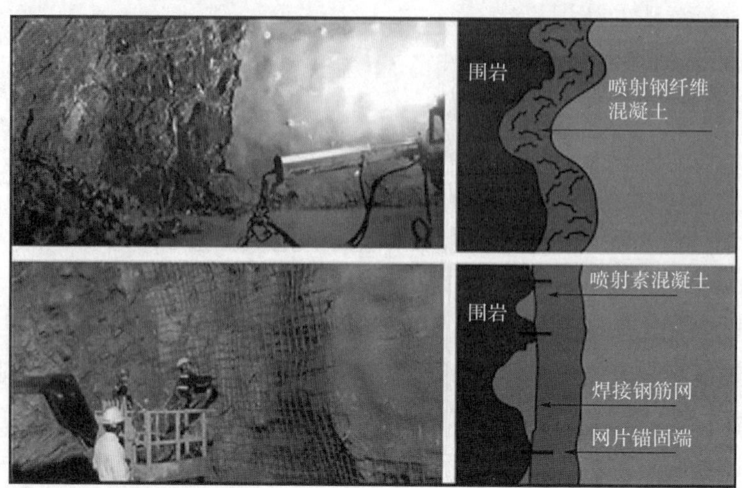

图 7.2.1　纤维喷射混凝土与钢筋网喷射混凝土效果对比

挪威法采用的锚杆类型较多，有临时锚杆、纤维锚杆和永久锚杆等，其中永久锚杆必须具有防腐措施，为此开发了多层防腐岩石锚杆（防腐措施包括镀锌环氧涂层、内部灌浆层、PVC 套管、外部灌浆层等），被称为 CT 锚杆，挪威法多层防腐锚杆如图 7.2.2 所示。且在不稳定围岩情况下，挪威法先通过机械手喷射快速形成纤维喷射混凝土支护拱，然后施作钢筋网喷射混凝土加劲环对纤维喷射混凝土支护拱进行加固，挪威法钢筋网喷射混凝土加劲环如图 7.2.3 所示，这种加固效果被认为优于传统的钢支撑，且不会大幅增加锚杆用量。近年来，高压（5～10 MPa）预注浆成为挪威法控制围岩渗水、涌水和加固破碎围岩的一种标准方法。通过高压预注浆，岩体条件总体得到很大改善，从而大大减小超挖，并且减少了永久性支护的需求，挪威法高压预注浆实施效果如图 7.2.4 所示。

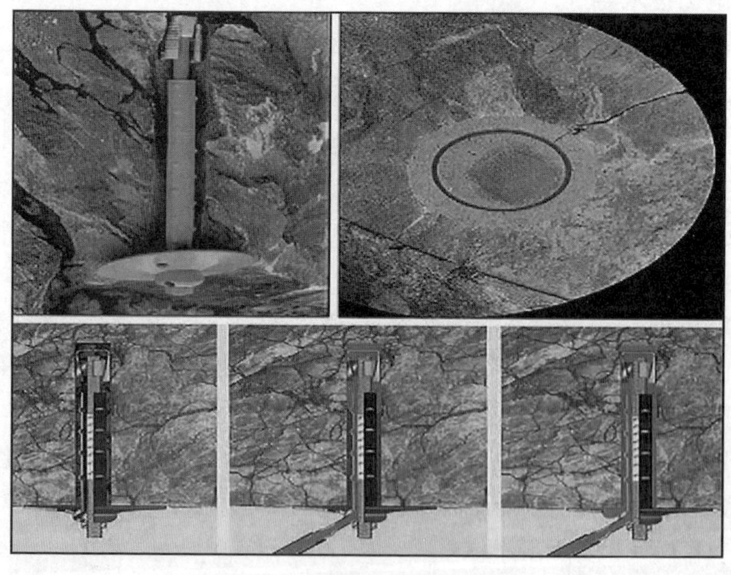

图 7.2.2　挪威法多层防腐锚杆

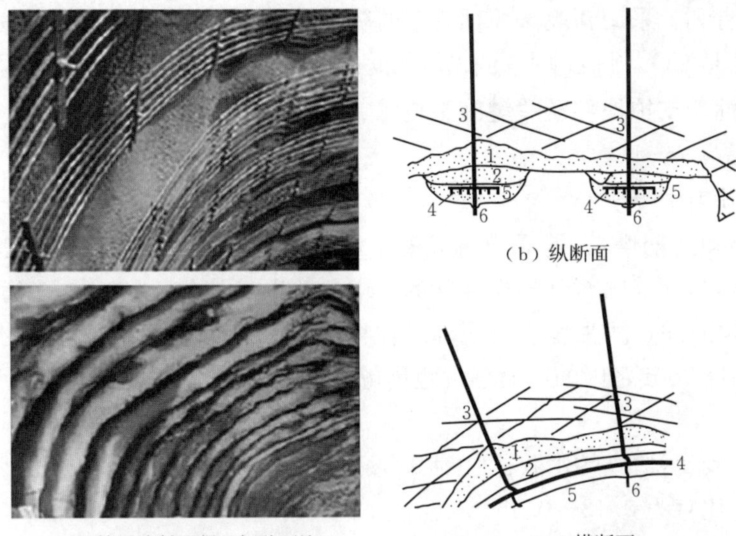

（b）纵断面

（a）钢筋网喷射混凝土加劲环施工　　（c）横断面

1—纤维喷射混凝土；2，5—纤维喷射混凝土；3—锚杆；4—钢筋；6—螺帽和垫片。

图 7.2.3　挪威法钢筋网喷射混凝土加劲环

图 7.2.4　挪威法高压预注浆实施效果

挪威法的优势主要体现在以下几个方面：

(1)提高施工效率。由于挪威法不挂网、不设钢支撑、不浇筑二次衬砌，因此施工时间大幅缩短，施工最佳进度可达 1 176 m/月。

(2)节约施工成本。每延米(2.7～5.6)万元(断面面积为 45～110 m^2)，价格仅为新奥法的 1/5～1/2；高压注浆的情况下每延米费用约提高 20%。

(3)施工更安全。新奥法安装钢筋网、钢支撑时机械化程度较低，工人直接面对未支护的围岩，危险程度很高；挪威法依靠喷射纤维混凝土和锚杆，两种构件均可采用全机械化施工，工人远离掌子面，因此被认为更加安全。

(4)环保更有利。采用新奥法原理施工时隧道水泥、砂石等的用量是挪威法的 3～5 倍，这些建筑材料都是 CO_2 排放的主要来源，因此挪威法建造方式更加绿色环保。

7.2.2 主要高性能支护构件及关键施工技术

1. 喷射混凝土种类

(1)早高强喷射混凝土

混凝土性能随龄期增长，普通模筑混凝土以 1 d、3 d、7 d 时间段的性能称为早期性能，对于喷射混凝土，目前我国对其早期强度的要求一般以 1 d 龄期为基准，多为 5～10 MPa，并未对 24 h 内特定时间点的强度进行明确。在特定的工程环境下，喷射混凝土需要具备更高的 24 h 强度，并且 24 h 之内的小时强度也能够持续提升。早高强喷射混凝土可采用以下技术措施实现：

①采用低水胶比：适宜的水胶比宜为 0.38～0.45，冬季配比的水胶比宜为 0.38～0.42，夏季配比的水胶比宜为 0.42～0.45。

②添加外掺料或早强掺合料：宜采用硅粉、复合型早强外掺料以及早强剂。也可采用其他对早期强度提升的材料或产品，但需要通过试验验证，符合要求后才能予以采用。

③选用早强型无碱液体速凝剂：根据现场情况进行定制化产品的研发和生产，加入适量早强组分，对配方进行优化调整，以满足相应的技术需求。

④根据环境温度调整措施：环境温度低于 10 ℃时，应及时启动冬季配比和冬季施工措施。冬季配比可采用提升胶材总用量和更低的水胶比，适当提高纯水泥用量。

(2)纤维喷射混凝土

纤维材料是一种具有悠久历史的混凝土增强材料，在现代混凝土技术中仍具有举足轻重的地位。通过提高混凝土基体的抗拉强度、变形能力，阻止原有缺陷扩展并延缓新裂缝形成，纤维改善了混凝土的韧性、抗冲击性以及其他性能，具有良好的技术经济性，因此纤维混凝土受到了广泛的应用。在隧道与地下工程领域，纤维材料主要用于喷射混凝土和衬砌管片，其中以纤维喷射混凝土(FRSC)的应用最多，影响最大。

纤维喷射混凝土是在喷射混凝土的基础上，通过掺入均匀散布的钢纤维、非钢纤维或混杂纤维所形成。在工艺上，具备了喷射混凝土的机动灵活、无模板支护的特点；在材料性能上，与普通喷混凝土相比，又具有良好的抗剪切性能和弯曲韧性，纤维在喷射混凝土中主要起到增强、增韧和阻裂的作用。

2. 喷射混凝土施工技术

若要实现喷射混凝土机械化施工技术的广泛推广，则需满足以下要求：

(1)信息化管理。在机械化作业条件下，应当运用信息化方式和手段对喷射混凝土各环节(如拌和站备料、罐车运输、喷射作业准备等)进行管理，使得各环节之间实现无缝衔接，提高综合效率。

(2)合理安排相关工序的交叉与平行作业。湿喷工艺与机械化作业条件下，作业环境和空间条件与传统人工作业具有很大差异，可以优化施工组织安排，实现相关工序的交叉和平行作业。

7.2.3　典型案例

典型案例:桃树坪隧道旋喷压力成桩法加固施工

兰渝铁路桃树坪隧道全长约 3.2 km,为单洞双线隧道。隧道地形起伏较大,最小埋深仅为 6 m,沿线多处穿越浅埋沟谷、既有道路及建筑物,周边环境复杂,围岩岩性主要为砂质黄土、细圆砾土,地下水发育,围岩自稳性极差。

隧道原方案采用 CRD 法施工,施工中出现掌子面突泥涌砂、支护开裂等现象,严重危及人员安全。后期引进岩土变形控制分析法进行施工,利用水平旋喷钻机、高压泵站等专业设备及配套技术,采用掌子面玻璃纤维锚杆、超前水平旋喷帷幕及锁脚旋喷桩等综合支护措施加固围岩,兰渝铁路桃树坪隧道超前及掌子面支护示意如图 7.2.5 所示。实践表明,采用 40～50 MPa 的旋喷压力成桩效果良好,桩径可达 60～80 cm,最终实现了隧道大断面半机械化开挖,有效控制了支护变形,保证了支护施工的安全性。

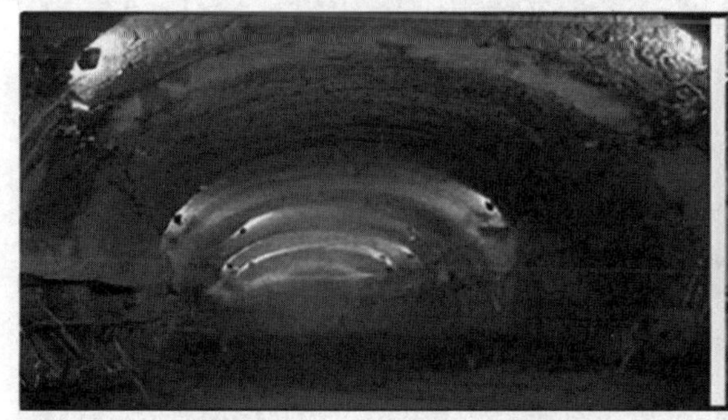

图 7.2.5　兰渝铁路桃树坪隧道超前及掌子面支护示意

(1)预加固法原理

桃树坪隧道出口预加固法的施工理念源自“软岩隧道重载加固”。首先采用大直径深孔在隧道轮廓以外引水,然后通过施作玻纤锚杆来预加固掌子面,通过利用水平旋喷台车沿隧道周边施作水平旋喷桩来代替国内的超前长管棚和小导管进行断面预加固,开挖、支护、二次衬砌全部采用机械化作业,机械化程度高、设备配套完善,提高了功效,降低了施工安全风险。

预加固法施工的主要机械有 PST-60 水平旋喷钻机和高压泵站两大部分。

①PST-60 水平旋喷钻机

PST-60 水平旋喷钻机采用履带式地盘、全液压传动,并设有操作室的摇臂钻机,可以根据工程性质和作业环境的不同方便地调换部件,能满足大扭矩和长行程作业的要求;配有深度和精度测定仪,可随时读出钻进深度和钻孔垂直度,保证钻进的精确、灵敏度。钻进时最大钻孔角度可达 20°,左右回旋最大角度为 120°。该钻机额定功率为 110 kW,钻孔直径 90～114 mm,钻杆长度 18 m。桃树坪隧道出口 PST-60 水平旋喷钻机施工照片如图 7.2.6 所示。

②高压泵站

高压泵站是旋喷注浆形成帷幕进行超前预加固的关键设备。泵的压力与流量直接影响旋喷桩长度、直径的大小和强度。高压泵的重要性能除压力外，就是流量的控制。PST-60 水平旋喷钻机的高压泵站能满足压力、流量的无级调节要求。PST-60 高压泵站照片如图 7.2.7 所示。

图 7.2.6 桃树坪隧道出口 PST-60 水平旋喷钻机施工照片

图 7.2.7 PST-60 高压泵站照片

(2)预加固法方案

①掌子面挂直径 8 mm 的 20 cm×20 cm 钢筋网片，C20 喷射混凝土封闭掌子面。

②施钻掌子面中部泄水孔(由上至下施作)。

③施钻隧道周边旋喷加固孔，旋喷结束后及时顶入直径为 89 mm 的长管棚，采用跳孔施工。

④施钻隧道周边排水孔。

⑤施钻掌子面玻纤锚杆孔，隔排跳孔施工。

复习思考题

1. 挪威法的特点及适用条件是什么？

2. 挪威法加固方法有哪几种？

3. 简述挪威法的基本概念。

4. 挪威法适用于哪种工程地质条件?

5. 挪威法施工流程是什么?

6. 挪威法和其他方法的不同点在哪里?

任务7.3 海底隧道沉管法

沉管法是在水底建筑隧道的一种施工方法。沉管隧道就是将若干个预制段分别浮运到海面(河面)现场,并一个接一个地沉放安装在已疏浚好的基槽内,以此方法修建的水下隧道。沉管法是预制管段沉放法的简称,是在水底建筑隧道的一种施工方法。施工顺序是先在船台上或干坞中制作隧道管段(用钢板和混凝土或钢筋混凝土),管段两端用临时封墙密封后滑移下水(或在坞内放水),使其浮在水中,再拖运到隧道设计位置。定位后,向管段内加载,使其下沉至预先挖好的水底沟槽内。管段逐节沉放,并用水力压接法将相邻管段连接。最后拆除封墙,使各节管段连通成为整体的隧道。

相关学习内容

荷兰建成的马斯河道路隧道管段用钢筋混凝土制成矩形结构,内设4车道,并附设自行车和人行的专用通道。管段断面为24.8 m×8.4 m,外面用钢板防水,并用混凝土作防锈保护层,因管段宽度大而创造了喷砂作垫层的基础处理方法。在欧洲由于向多车道断面发展,都采用这种矩形的钢筋混凝土管段,为第二代沉管隧道奠定了基础。

7.3.1 海底隧道沉管法的优点

采用沉管法施工的水下段隧道,比用盾构法施工具有较多优点,主要有:

(1)容易保证隧道施工质量。因管段为预制,混凝土施工质量高,易于做好防水措施;管段较长,接缝很少,漏水机会大为减少,而且采用水力压接法可以实现接缝不漏水。

(2)工程造价较低。第一、水下挖土单价比河底下低;第二、管段的整体制作、浮运费用比制造、运送大量的管片低得多;第三、接缝少而使隧道每米单价降低;第四、隧道顶部覆盖层厚度可以很小,隧道长度可缩短很多,工程总价大为降低。

(3)在隧道现场的施工期短。因预制管段(包括修筑临时干坞)等大量工作均不在现场进行。

(4)操作条件好、施工安全。因除极少量水下作业外,基本上无地下作业,更不用气压作业。

(5)适用水深范围较大。因大多作业在水上操作,水下作业极少,故几乎不受水深限制,如用潜水作业,实用深度范围可达70 m。

(6)断面形状、大小可自由选择,断面空间可充分利用。大型的矩形断面的管段可容纳4~8车道,而盾构法施工的圆形断面利用率不高,且只能设双车道。

7.3.2 海底隧道沉管法制作方法

按管段制作方式可分为船台型管段制作和干坞型管段制作两大类型：

(1)船台型管段制作。是利用船厂的船台，先预制钢壳，将其沿滑道滑移下水后，在浮起的钢壳内灌注混凝土。该类管段的横断面一般为圆形、八角形和花篮形。由于管段内轮廓为圆形，在车辆限界以外的上、下方空间，虽可利用其作为送、排风道，但车道高程相应压低，致使隧道深度增加，因此沟槽深度和隧道长度均相应增大。

(2)干坞型管段制作。是在临时的干坞中制成钢筋混凝土管段，向干坞内放水后，将其浮运到隧址沉放。断面大多为矩形，不存在圆形断面的缺点；不用钢壳，可节省大量钢材。但在制作管段时，对混凝土施工工艺须采取严格措施，以满足其均质性和水密性特别高的要求，并保证必需的干舷(管段顶部浮出水面的高度)和抗浮安全系数。

7.3.3 海底隧道沉管法的施工要点

(1)沉放：浮箱吊沉法是比较新的一种管段沉放法。通常在管段上方放 4 只方形浮箱，用吊索直接将管段系吊，浮箱分成前、后两组，每组两只浮箱用钢桁架联成整体，并用锚索将各组浮箱定位，在浮箱顶上安设起吊卷扬机和浮箱定位卷扬机。管段的定位须在其左右前后另用锚索牵拉，其定位卷扬机则设于定位塔的顶部。这一沉放法的主要特点是设备简单，适用于宽度 20 m 以上的大、中型管段。沉管法小型管段可采用方驳杠吊法，即在管段两侧分设 4 艘或 2 艘方驳船，左、右两艘之间设钢梁作杠吊管段的杠棒。这一方法在沉放时较平稳，且在浮运时可以用左、右的方驳夹住管段以提高稳定性。图 7.3.1 为矩形管段用浮箱吊沉法的浮运和沉放过程。

(2)水下连接：20 世纪 50 年代以前，对钢壳制作的管段，曾采用水下灌注混凝土的方法进行水下连接。对钢筋混凝土制作的矩形管段，普遍采用水力压接法。此法是在 20 世纪 50 年代末期在加拿大隧道实践中创造成功的，故也称温哥华法。它利用作用于管段后端封墙上的巨大水压力，使安装在管段前端周边上的一圈尖肋型胶垫产生压缩变形，形成一个水密性良好的止水接头。施工中在每节管段下沉着地时，结合管段的连接，进行符合精度要求的对位，然后使用预设在管段内隔墙上的 2 台拉合千斤顶(或利用定位卷扬机)，将刚沉放的管段拉向前一节管段，使胶垫的尖肋略微变形，起初步止水作用。完成拉合后，即可将前、后两节管段封墙之间被胶垫封闭的水，经前节管段封墙下部的排水阀排出，同时利用封墙顶部的进气阀放入空气。排水完毕后，作用在整个胶垫上更为巨大的水压力，将其再次压缩，达到完全止水。完成水力压接后，便可拆除封墙(一般用钢筋混凝土筑成)，使已沉放的管段连通岸上，并可开始铺设路面等内部装修工作。图 7.3.2 为管段用水力压接法的施工过程。

(3)基础处理：处理沉放管段基础的目的是使沟槽底面平整，而不是为了提高地基的承载力。在水下开挖的沟槽，其底面凹凸不平，如不加以整平，管段沉放后会因地基受力不均匀而导致局部破坏，或因不均匀沉陷而开裂。为了提高沟槽底面的平整性，绝大多数建成的水底隧道采用垫平的方法。早期大多采用一种在管段沉放之前先铺砂石作为垫层的先铺法。

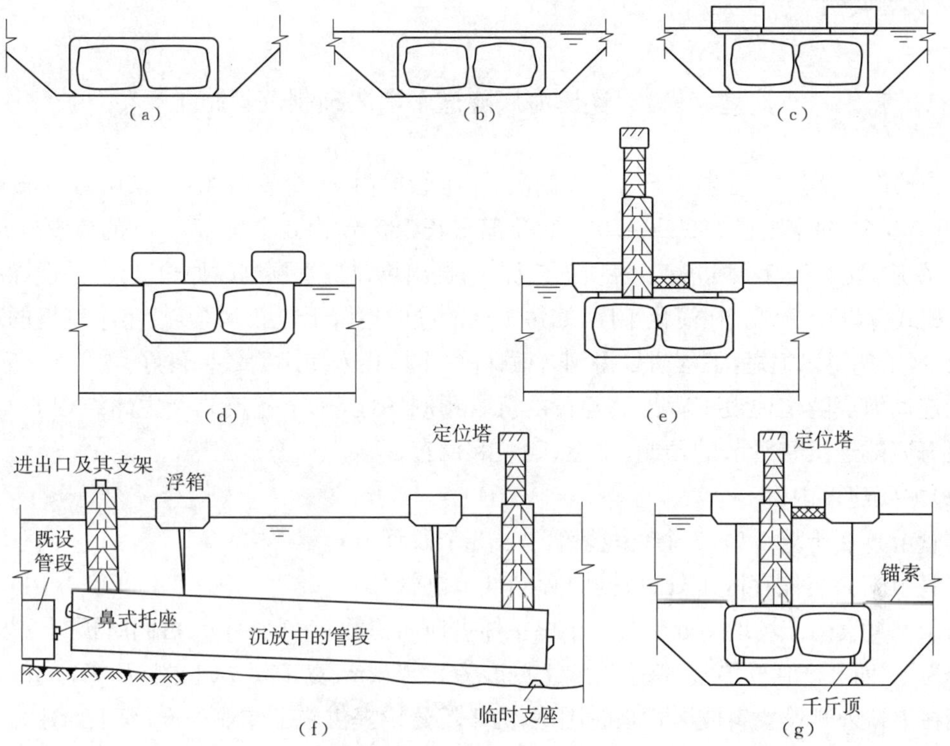

图 7.3.1　矩形管段用浮箱吊沉法的浮运和沉放过程

(a)在干坞中建成管段;(b)管段压载后向干坞灌水;(c)浮箱在管上就位;(d)管段浮起待运;(e)安装定位塔和进出口管段,并由浮箱系吊;(f)、(g)管段下沉就位

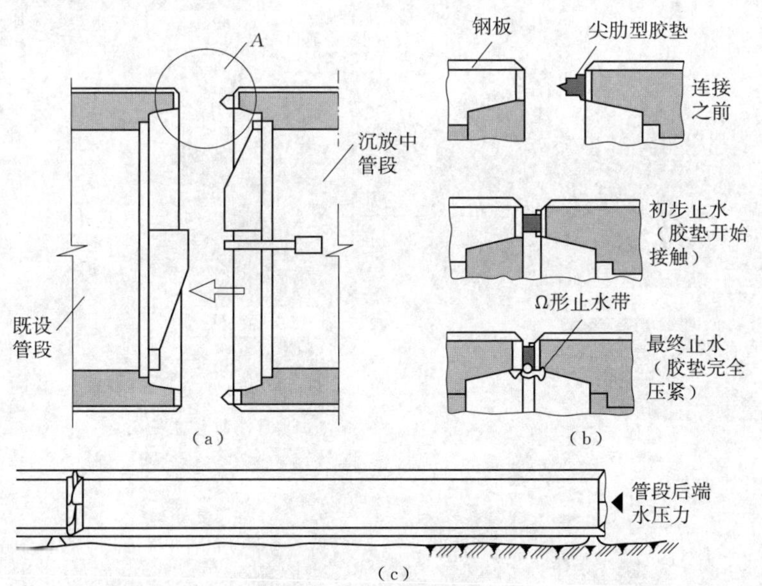

图 7.3.2　管段用水力压接法的施工过程

(a)管段连接准备就绪;(b)A 处的连接过程;(c)管段连接完成

7.3.4 典型案例

典型案例:大连湾海底隧道干坞法预制沉管施工

大连湾海底隧道工程选择干坞法预制沉管,沉管段由18个管节组成,其中直线段管节13个,段管节5个,曲率半径1.05 km,单个标准管节长180 m,由8个长22.5 m的节段组成,重约6万t。在建设施工过程中进行了多项工艺优化,提出坞口沉管预制改原位现浇、系缆墩胸墙现浇改装配式等设计建议。在简化工序、缩短工期的同时也降低施工风险,使整个船坞的工作量大幅减少,工期得以缩短,工程质量得到有效保障,干坞投入使用后效果良好。

大连湾海底隧道建设工程配套建设的沉管预制场地,位于隧道北岸主体结构的西侧,主要满足海底隧道沉管管节的预制、出运、晒装和储存。

(1)主要建设内容

①管节预制干坞1座(3个直线段管节+3个段管节)。

②管节安装与储存区1处(可同时存储6节沉管)。

③干坞配套生产场地1处。其中干坞主体占地面积约16.1万 m^2,可同时预制6根沉管;对称分为东、西2个独立坞室,每个坞室主尺度为长480 m,宽135 m(北侧)及74.7 m(南侧);施工期在坞口外侧设置斜坡堤式临时围堰,为干坞建设提供施工作业条件;海上新建直立式防波堤302 m,重力式舾装、系缆墩7座。大连湾沉管预制场主要建(构)筑物平面布置如图7.3.3所示。

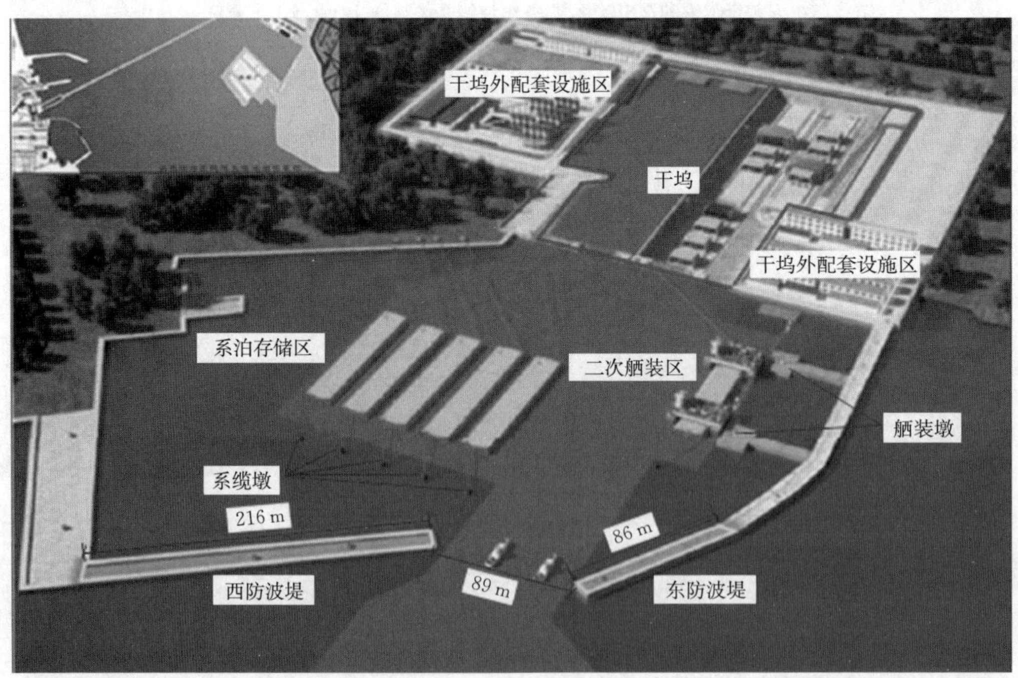

图7.3.3 大连湾沉管预制场主要建(构)筑物平面布置

(2)干坞平面布局选择

干坞坞室平面布置(图 7.3.4)以满足沉管预制、出运、存储及晒装功能需求为前提,系统分析施工总工期,预制工序包括钢筋绑扎、模板安装、混凝土浇筑、晒装、储存、出运。考虑到模板临时存储场、风雨棚等方面影响,并综合考虑物料运输、工艺设备流转、周边场地受限等因素,充分利用有限场地,提出了基于整体水文地质环境、工期与主体工程相适应,经济性良好的干坞法沉管预制场平面布局。

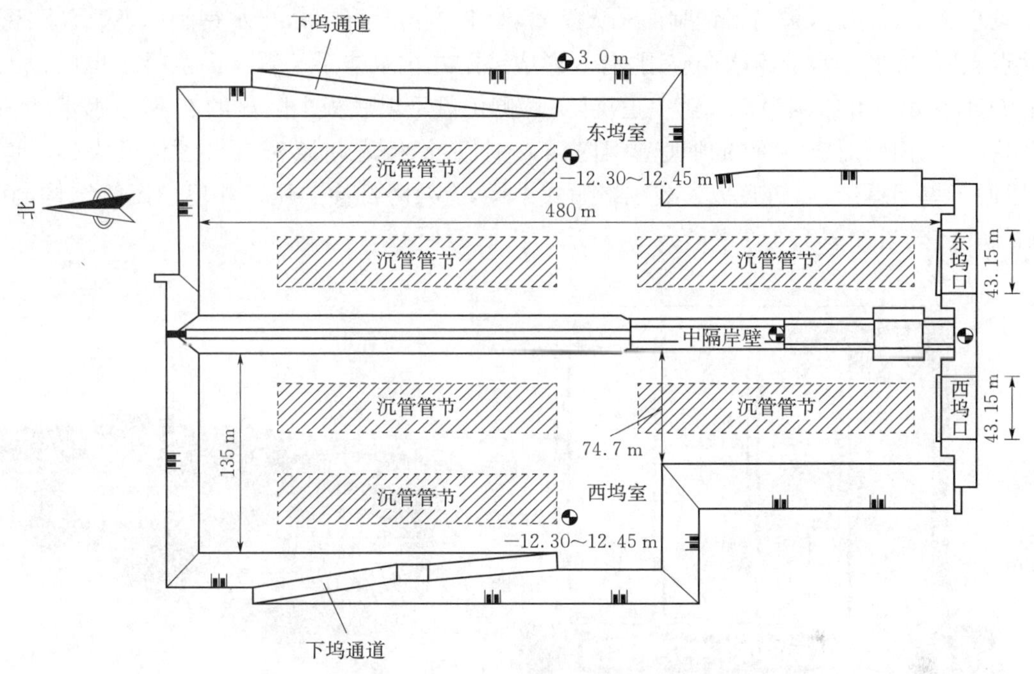

图 7.3.4　干坞坞室平面布置

干坞周边留存多处敏感建筑物,无法拆迁;工程所在地为喀斯特地貌,岩面起伏大,广泛覆盖粉煤灰。为保障干坞平面尺度充足,施工期敏感建筑结构安全,根据地质特点、岩面高程,细致划分地貌及受力特征区域,采用了斜坡式喷锚、单排支护兼止水、双排支护兼止水、双排支护联合桩前土加固等多种坞壁结构形式,坞壁结构典型断面如图 7.3.5 所示;在中隔岸壁设计中,根据岩面高程采用了纵向阶梯式沉管结构形式。

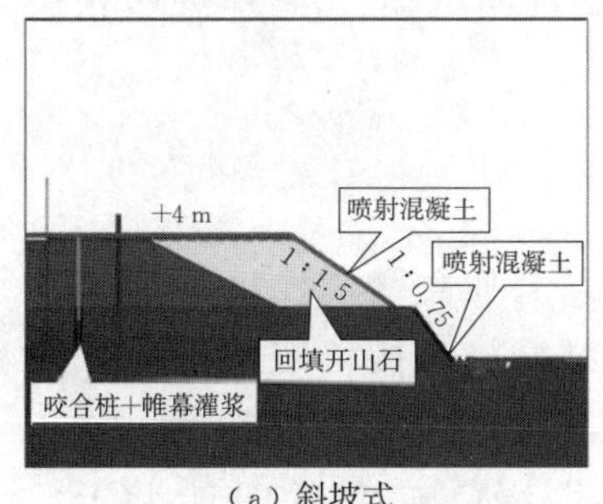

(a) 斜坡式

(b) 单排/双排支护柱

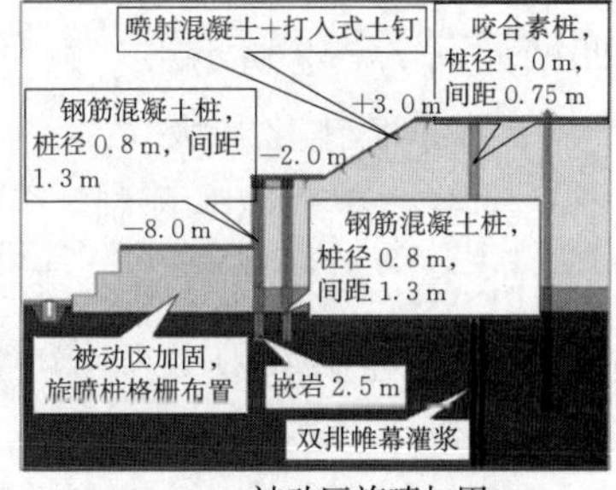

(c) 被动区旋喷加固

图 7.3.5　坞壁结构典型断面

(3)止水体系设计

①咬合桩支护及止水

因地制宜,根据地质条件、使用要求采用不同形式的咬合桩,其中以支护作用为主、止水作用为辅的区域采用“荤素结合”形式;以止水作用为主的区域采用“全素形式”;同时创新性地采用了塑性混凝土咬合桩结构,从“软咬合”升级为“硬咬合”。

②坞口装配式止水体系

秉承装配式理念,采用了钢闸门+大沉管坞门组合止水体系,止水钢闸门、大沉管、密集弹性点支座、Ω形止水带等联合应用,有效形成装配式止水体系。侧立面依靠干坞底板上海侧的Ω形止水带和钢闸门形成第一道屏障;坞侧依靠干坞底板上陆侧的Ω形止水带和预埋在浮坞门、坞门墩对应位置的预埋槽钢内插入钢板,钢板之间填充防水材料形成第二道屏障,以便于坞门拆装;坞门底板为减压格栅式结构,有效降低渗透压。浮坞门沉管结构剖面、钢闸门安装效果如图7.3.6、图7.3.7所示。

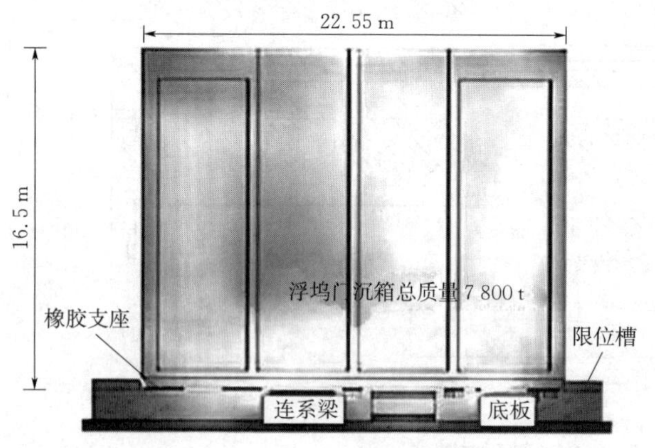

图7.3.6 浮坞门沉管结构剖面效果

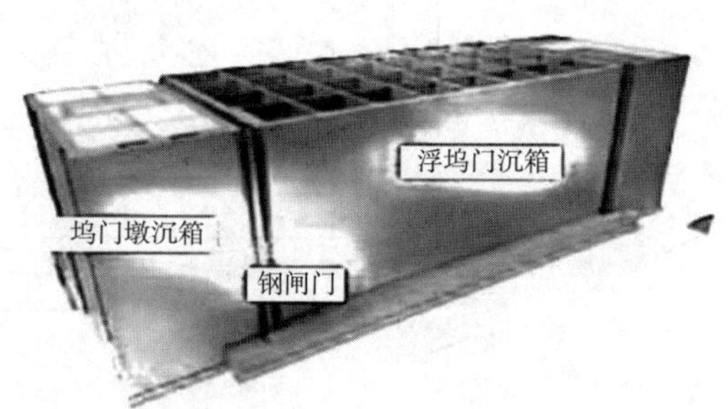

图7.3.7 钢闸门安装效果

③减压排水及底板设计

干坞减压排水系统由排水暗沟、汇水管、排水暗管和无砂大孔混凝土垫层组成,通过排水层、汇水沟将底板下的渗流水汇入排水沟,统一汇入排水泵站集水池,减压排水布置如图7.3.8所示。为便于沉管顺利起浮,预制台座在底板内设置预留凹槽,每个节段横向及纵向预留主凹槽及副凹槽,主槽内部浇筑无砂大孔混凝土,副槽内部回填碎石,台座底板预留凹槽如图7.3.9所示。

(4)系统优化升级

①系缆墩现浇改预制

干坞工程系缆墩用于预制沉管起浮出坞并系缆存储,属海上独立墩。设计系缆墩共5座,其下部基础为重力式沉管结构,上部为胸墙结构。胸墙结构施工按传统工艺需采用方驳吊机进行海上钢筋绑扎、模板支立,采用混凝土拌和船进行海上混凝土浇筑,海上作业效率低、工期长、安全风险高,且施工成本较大。秉承“安全、文明、绿色施工”的理念,将上部胸墙由现浇结构优化为装配式结构,即每个独立墩胸墙采用陆上分块预制—海上安装—接

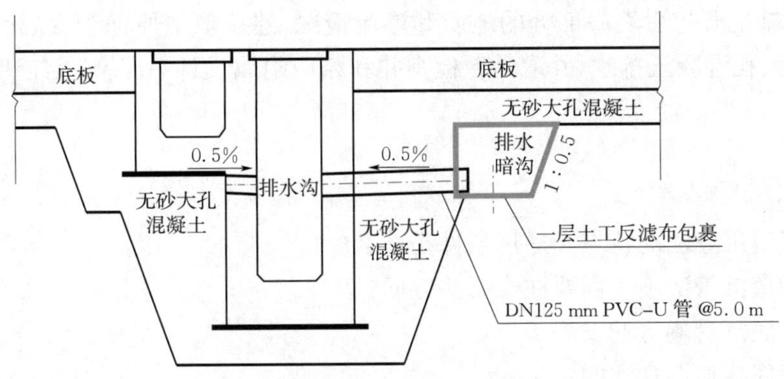

图 7.3.8　减压排水布置

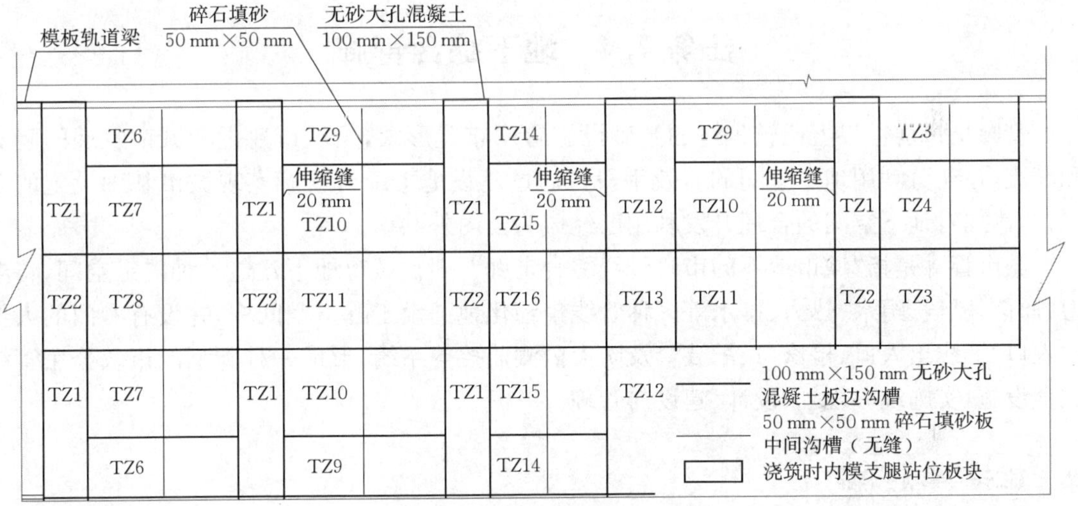

图 7.3.9　台座底板预留凹槽

缝后浇形式，利用起重船进行胸墙安装，再进行湿接缝浇筑连成整体，大大降低了施工难度，节约了施工成本，保证了干坞投入使用的工期和质量要求。装配式系缆墩断面如图 7.3.10 所示。

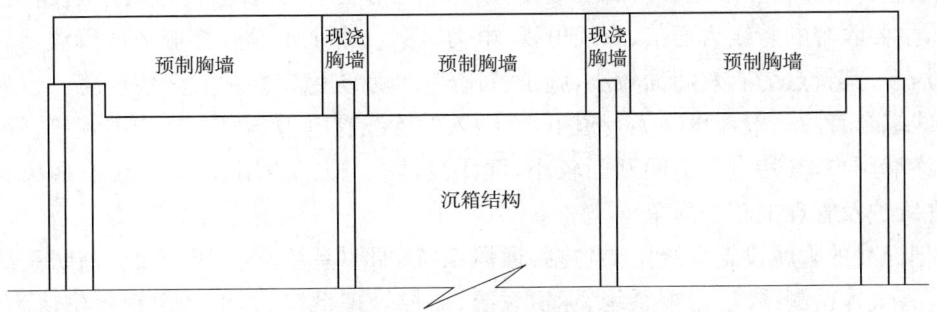

图 7.3.10　装配式系缆墩断面

②优化减压排水

根据现场基坑开挖后坞底部分的地质和渗流情况，建议取消原横管、纵管和暗沟，采用20 cm厚无砂大孔混凝土排水，并取消原检查井和相应附属设计，在坞底临近坞壁部位设置暗沟。

复习思考题

1. 海底隧道沉管法的特点及适用条件是什么?
2. 海底隧道沉管法施工需要注意哪些方面?
3. 简述海底沉管隧道的发展历史。
4. 简述海底隧道沉管法的定义。
5. 海底隧道沉管法的施工工序及施工要领是什么?

任务7.4 地下综合管廊

管廊是目前世界上比较先进的基础设施管网布置形式，是城市建设和城市发展的趋势和潮流，是充分利用地下空间的有效手段。通过建设地下综合管廊实现城市基础设施的现代化，达到对地下空间的合理开发利用已经成为国内外共识。

城市管廊是指“城市地下的市政管线综合走廊”，即在城市地下建造一种隧道空间，将电力、通信、燃气、给水、热力、排水等多种管线集约化地铺设于隧道空间中，并设有专门的人员出入口、管线出入口、检修口、吊装口及防灾监测监控等系统，形成一种新型的市政公用管线综合设施，实施统一规划、设计、建设与管理。

相关学习内容

综合管廊根据其所收容的管线不同，可分为干线综合管廊、支线综合管廊、缆线综合管廊(电缆沟)三种。

干线综合管廊一般设置于道路中央下方，负责向支线综合管廊提供配送服务，主要收容的管线为通信、有线电视、电力、燃气、自来水等。

支线综合管廊为干线综合管廊和终端用户之间相联系的通道，一般设于道路两旁的人行道下，主要收容的管线为通信、有线电视、电力、燃气、自来水等直接服务的管线，结构断面以矩形居多，其特点为有效断面较小，施工费用较少，系统稳定性和安全性较高。

缆线综合管廊一般埋设在人行道下，其纳入的管线有电力、通信、有线电视等，管线直接供应各终端用户，其特点为空间断面较小，埋深浅，建设施工费用较少，不设有通风、监控等设备，在维护及管理上较为简单。

规划标准的附属设施系统主要包括:通风系统、照明系统、受配电系统、消防系统、排水系统、有害气体监测系统、警报系统、标识系统、监控管理系统、其他经主管单位认为有必要的设备等。

7.4.1　城市管廊主要施工技术

1. 明挖现浇混凝土综合管廊

明挖现浇混凝土综合管廊(图 7.4.1)施工为最常用的施工方法。采用这种施工方法可以大面积作业,将整个工程分割为多个施工标段,以便于加快施工进度。同时这种施工方法技术难度较低,工程造价相对较低,施工质量能够得以保证,缺点是采取此种方法需中断交通。

图 7.4.1　明挖现浇混凝土综合管廊

场地地势平坦、周围没有其他需进行保护的建筑物,在道路施工过程中,需要进行开挖铺设管道时,可以采用大开挖施工,并采用(深层)井点降水措施。此开挖方案优点是施工方便,不需要围护结构作业,施工周期短,便于机械化大规模作业,费用较低;缺点是土方量开挖较大,对回填要求较高。

2. 盾构施工法综合管廊

盾构法是在盾构保护下修筑软土隧道的一类施工方法。这类方法的特点是地层掘进、出土运输、衬砌拼装、接缝防水和盾尾间隙注浆充填等作业都在盾构保护下进行,并需随时排除地下水和控制地面沉降,因而是工艺技术要求高、综合性强的一类施工方法。

用盾构法进行施工具有以下优点:机械化水平高,施工组织简单,易于管理;施工安全,速度快,工程结构质量优良;施工引起的沉降小,较易于控制;可在有水地层施工,不需降水;施工占地场地小;施工对周边环境干扰小,特别适合穿越既有建(构)筑物之下或近旁;工程投资易于控制。缺点主要是工程变化的适应性稍差;盾构施工设备费用较高;隧道覆土浅时地表沉降不易控制;施工小曲线半径隧道时难度较大。近年来,随着管廊技术的发展,用盾构法进行施工的城市管廊项目越来越多。图 7.4.2 为南京市首条盾构法施工管廊贯通,图 7.4.3 为顶管施工现场图片。

3. 顶管施工法综合管廊

顶管施工法是继盾构施工之后而发展起来的一种地下管道施工方法,它不需要开挖面层,并且能够穿越公路、铁路、河川、地面建筑物、地下构筑物以及各种地下管线等。顶管施工借助于主顶油缸及管道间等的推力,把工具管或掘进机从工作井内穿过土层一直推到接收井内吊起。与此同时,也就把紧随工具管或掘进机后的管道埋设在两井之间,以期实现非开挖敷设地下管廊的施工方法。

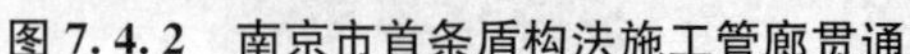

图 7.4.2 南京市首条盾构法施工管廊贯通

图 7.4.3 顶管施工现场图片

顶管施工特别适用于大、中型管径的非开挖铺设，具有经济、高效、保护环境的综合功能。这种技术的优点是：不开挖地面；不拆迁，不破坏地面建筑物；不破坏环境；不影响管道的段差变形；省时、高效、安全、综合造价低。

4. 普通暗挖施工法

暗挖法沿用新奥法基本原理，初次支护按承担全部基本荷载设计，二次模筑衬砌作为安全储备；初次支护和二次衬砌共同承担特殊荷载。应用浅埋暗挖法设计、施工时，同时采用多种辅助工法，超前支护，改善加固围岩，调动部分围岩的自承能力；并采用不同的开挖方法及时支护、封闭成环，使其与围岩共同作用形成联合支护体系；在施工过程中应用监控量测、信息反馈和优化设计，实现不塌方、少沉降、安全施工等，并形成多种综合配套技术。

5. 综合管廊防渗漏措施

在地下水位比较高的地区，地下工程防渗止漏是一个技术难点。虽然一定数量的地下水侵入综合管廊不至于产生严重后果，但会增加排水设施的启动次数，同时会增加综合管廊内空气的湿度，降低综合管廊内管线和监控设施的工作寿命。

综合管廊的防渗止漏设计原则是“防、排、截、堵相结合，刚柔相济，因地制宜，综合治理”。

控制变形：尽可能增加每节箱涵的分节长度，减少变形缝的数量，在节与节之间设置变形缝，同时，在变形缝缝间设置剪力键，以减少相对沉降。

细部构造防水：在变形缝、施工缝、通风口、投料口、出入口、预留口等部位，是渗漏设防的重点部位。变形缝的防水采用复合防水构造措施，中埋式橡胶止水带与外贴防水层复合使用。变形缝内设橡胶止水带，并用低发泡塑料板和双组分聚硫密封膏嵌缝处理。施工缝是防渗止漏的一个薄弱部位，因而应尽可能减少施工缝的设置数量。

6. 综合管廊节点处理

综合管廊的节点处理是综合管廊设计及施工的重点。

节点包括：十字路口或丁字路口；河道；重要的地下工程设施，如地铁、高架道路桩基、人行地道等；以及现有的大口径雨污水管道。

在十字路口或丁字路口，由于综合管廊的相互交叉影响以及要保证检修人员在综合管廊内的通行，使得综合管廊沟的节点处理比较复杂。从实质上讲，综合管廊在此类似于管线立交。从处理方法来讲，可以将综合管廊在此设计为双层而实现互通的功能，也可以通过平面尺寸的加宽来实现互通功能。在综合管廊的十字或丁字交叉节点，综合管廊可能要横穿道路，因而在节点设计时，尚要充分考虑道路车辆荷载对综合管廊结构的影响。

在穿越河道、重要的地下工程设施以及现有大口径雨污水管道时，一般需根据相互标高、位置情况，确定采用上穿或下穿通过。

7.4.2 典型案例

典型案例：苏州春申湖路综合管廊防水施工

苏州春申湖路综合管廊主线西起采莲路东侧，平行于春申湖路，向东止于规划东九路东侧，全长 2.414 km。在相城大道、澄阳路处分别设置管廊跨春申湖路的预留段，与规划管廊相接，分别长 75.3 m、61.4 m。主线和预留段合计长 2.550 km。

管廊位于春申湖路南侧人行道外侧绿化带下方，局部段落侵入人行道、非机动车道、地面辅路等下方。管廊标准断面如图 7.4.4 所示。

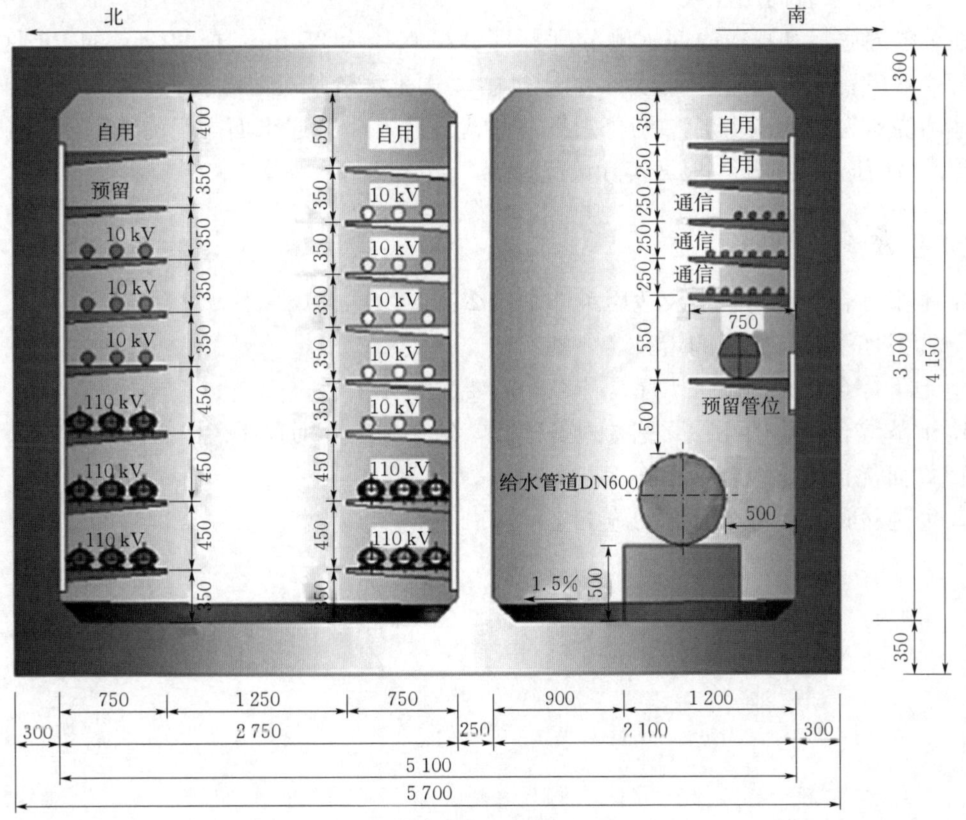

图 7.4.4 管廊标准断面(单位:mm)

春申湖路综合管廊主线共分 107 个节段，管廊纵坡不小于 0.3%，满足纵向排水的总体要求。

(1)结构防水施工工艺

施工垫层→铺底板防水卷材及加强层→浇筑细石混凝土保护层→绑扎底板钢筋→安装外贴式橡胶止水带→安装中埋式橡胶止水带→安装封头模板→浇筑混凝土→安装丁腈软木橡胶垫板→浇筑另一侧混凝土→沉降缝内侧填塞泡沫棒及密封胶。

(2)沉降缝处增加一道枕梁

基底标高精平过程中，先在沉降缝位置处挖出枕梁基坑，再吊放枕梁钢筋、浇筑混凝土。枕梁长度与管廊宽度相等，混凝土等级为 C35。

(3)外贴式橡胶止水带内侧增设遇水膨胀止水条

在外贴式止水带内侧中线处增设一道遇水膨胀止水条。遇水膨胀止水条作为一种新型防水材料，其防水、止水的效果比一般橡胶更好，有着耐气候、抗老化、耐腐蚀的特性，且具备费用低、施工工艺简便等优点。利用该种橡胶在遇水后产生 2～3 倍膨胀变形的特性，可填充接缝处不规则表面、空穴及间隙，能够有效减小渗漏水量。当沉降缝发生位移，造成外贴式止水带发生偏移或破损而失去止水作用时，遇水膨胀止水条还可以通过吸水膨胀起到“以水止水”的效果。

(4)预埋注浆管高压注浆

在沉降缝底板和顶板的迎水侧分别预埋 2 根直径为 25 mm、长 90 cm 的 PE 注浆管。注浆管一端设置于管廊迎水面，另一端绕过中埋式止水带从沉降缝内伸出。沉降缝两侧管廊主体均浇筑完成后经注浆管高压注浆，将中埋式止水带到迎水面之间的缝隙及空腔填满，防止渗水，高压注浆的压力根据实际情况控制。

复习思考题

1. 地下综合管廊的特点及适用条件是什么？
2. 简述地下综合管廊的定义。
3. 地下综合管廊的施工工序是什么？需要注意什么？
4. 地下综合管廊的几种开挖方式是什么？各个方法分别有什么样的优缺点？
5. 如何优化地下综合管廊施工方案？
6. 简述设计地下综合管廊的施工流程。

参考文献

[1] 关宝树.隧道工程施工要点集[M].北京:人民交通出版社,2011.

[2] 孔德岩.隧道浅埋段开挖及支护施工技术[J].浙江建筑,2006(23):26-28.

[3] 铁道部工程设计鉴定中心.高速铁路隧道[M].北京:中国铁道出版社,2006.

[4] 赵勇.隧道设计理论与施工[M].北京:人民交通出版社股份有限公司,2018.

[5] 国家铁路局.铁路工程地质勘察规范:TB 10012—2019[S].北京:中国铁道出版社有限公司,2019.

[6] 国家市场质量监督总局,国家标准化管理委员会.标准轨距铁路限界　第2部分:建筑限界:GB/T 146.2—2020[S].北京:中国铁道出版社有限公司,2021.

[7] 国家铁路局.铁路工程特殊岩土勘察规程:TB 10038—2022[S].北京:中国铁道出版社有限公司,2022.

[8] 国家铁路局.铁路隧道设计规范:TB 10003—2016[S].北京:中国铁道出版社,2017.

[9] 交通运输部.公路隧道设计规范　第一册　土建工程:JTG 3370.1—2018[S].北京:人民交通出版社股份有限公司,2019.

[10] 朱永全,宋玉香.隧道工程[M].4版.北京:中国铁道出版社有限公司,2022.

[11] 周爱国.隧道工程现场施工技术[M].北京:人民交通出版社,2004.

[12] 国家铁路局.铁路隧道工程施工安全技术规程:TB 10304—2020[S].北京:中国铁道出版社有限公司,2020.

[13] 熊建军,胡森东,陈永祥.隧道工程建设与路桥设计[M].哈尔滨:黑龙江科学技术出版社,2022.

[14] 杨国浪.隧道施工与检测技术[M].成都:西南交通大学出版社,2022.

[15] 高玮.隧道工程[M].北京:科学出版社,2022.

[16] 谢雄耀.隧道工程建设风险与保险[M].上海:同济大学出版社,2019.

[17] 仇玉良.隧道检测监测技术及信息化智能管理系统[M].北京:人民交通出版社,2013.

[18] 湖南路桥建设集团有限责任公司.隧道工程施工工艺标准[M].长沙:中南大学出版社,2019.

[19] 杜峰.隧道工程设计施工风险评估与实践[M].北京:中国建材工业出版社,2017.

[20] 李翔.隧道工程稳定可靠度计算分析方法[M].长沙:中南大学出版社,2017.

[21] 交通运输部.公路隧道施工技术规范:JTG/T 3660—2020[S].北京:人民交通出版社股份有限公司,2020.